MEIO AMBIENTE & ECONOMIA

Dados Internacionais de Catalogação na Publicação (CIP)
(Jeane Passos Santana – CRB 8ª/6189)

Varela, Carmen Augusta
 Meio ambiente & economia / Carmen Augusta Varela ; coordenação José de Ávila Aguiar Coimbra. – São Paulo : Editora Senac São Paulo, 2012 (Série Meio Ambiente; 17).

 Bibliografia.
 ISBN 978-85-396-0285-8

 1. Ciências ambientais 2. Meio Ambiente 3. Economia
I. Coimbra, José de Ávila Aguiar. II. Título. III. Série.

12-061s   CDD-363.7

Índice para catálogo sistemático:
 1. Ciências ambientais : Economia   363.7

MEIO AMBIENTE & ECONOMIA

CARMEN AUGUSTA VARELA

COORDENAÇÃO
JOSÉ DE ÁVILA AGUIAR COIMBRA

Editora Senac São Paulo – São Paulo – 2012

ADMINISTRAÇÃO REGIONAL DO SENAC NO ESTADO DE SÃO PAULO
Presidente do Conselho Regional: Abram Szajman
Diretor do Departamento Regional: Luiz Francisco de A. Salgado
Superintendente Universitário e de Desenvolvimento: Luiz Carlos Dourado

Editora Senac São Paulo
Conselho Editorial: Luiz Francisco de A. Salgado
Luiz Carlos Dourado
Darcio Sayad Maia
Lucila Mara Sbrana Sciotti
Jeane Passos Santana

Gerente/Publisher: Jeane Passos Santana (jpassos@sp.senac.br)
Coordenação Editorial: Márcia Cavalheiro Rodrigues de Almeida (mcavalhe@sp.senac.br)
Thaís Carvalho Lisboa (thais.clisboa@sp.senac.br)
Comercial: Jeane Passos Santana (jpassos@sp.senac.br)
Administrativo: Luís Américo Tousi Botelho (luis.tbotelho@sp.senac.br)

Edição de Texto: Marília Gessa
Preparação de Texto: Amanda Cordeiro
Revisão de Texto: Ana Catarina Nogueira, Fátima de C. M. de Souza, Globaltec Editora Ltda., Luiza Elena Luchini (coord.)
Capa: João Baptista da Costa Aguiar
Editoração Eletrônica: Flávio Santana
Impressão e Acabamento: Rettec Artes Gráficas e Editora Ltda.

Proibida a reprodução sem autorização expressa.
Todos os direitos desta edição reservados à
Editora Senac São Paulo
Rua Rui Barbosa, 377 – 1º andar – Bela Vista – CEP 01326-010
Caixa Postal 1120 – CEP 01032-970 – São Paulo – SP
Tel. (11) 2187-4450 – Fax (11) 2187-4486
E-mail: editora@sp.senac.br
Home page: http://www.editorasenacsp.com.br

© Editora Senac São Paulo, 2012

SUMÁRIO

Nota do editor..7
Apresentação – *José de Ávila Aguiar Coimbra*......................9
Introdução 15
Desenvolvimento sustentável...17
Economia e meio ambiente: histórico...................................23
    Economia ambiental × economia ecológica.....................26
Ferramentas de análise da economia do meio ambiente 31
    Instrumentos de políticas ambientais................................31
    Análise custo-benefício..78
Indicadores de sustentabilidade 117
    Pegada ecológica..123
    Painel da sustentabilidade 126
    Barômetro da sustentabilidade 131
Conclusão 137

Bibliografia.. 139
Outras bibliografias para consulta.................................... 145
Índice remissivo.. 147
Sobre a autora 151

NOTA DO EDITOR

Desde os anos 1990, as questões ambientais estão presentes na pauta dos países quando o assunto é desenvolvimento econômico e social. Em razão da pertinência e atualidade dessas questões, o Senac São Paulo apresenta *Meio ambiente & economia*.

Neste novo volume da Série Meio Ambiente, a bióloga e economista Carmen Augusta Varela explica como surgiu o conceito de desenvolvimento sustentável, quais são os principais instrumentos de políticas ambientais postos em prática no Brasil e no mundo e quais os resultados obtidos em alguns casos de aplicação desses instrumentos.

Com este livro, até mesmo as pessoas menos experientes em economia poderão compreender a importância da valoração econômica do meio ambiente e quais são seus principais conceitos. Aprenderão também sobre as duas principais correntes da economia do meio ambiente: a economia ambiental e a economia ecológica.

O Senac São Paulo busca, com este livro, explorar diversas questões relativas tanto às ciências do meio ambiente quanto à economia que ainda se apresentam como desafios para especialistas e para a população em geral.

APRESENTAÇÃO

Tenho grande satisfação em apresentar o trabalho acurado da professora doutora Carmen Augusta Varela, dos quadros do Centro Universitário da FEI-SP (programa de mestrado e doutorado em administração, linha de sustentabilidade) e da Fundação Getúlio Vargas de São Paulo (FGV-Eaesp, Departamento de Gestão Pública). Ela foi ainda docente fundadora do curso de tecnologia de gestão ambiental do Centro Universitário Senac São Paulo. Devo acrescentar que a professora Carmen é também graduada em biologia pela Universidade de São Paulo (USP) e tem mestrado e doutorado em economia pela FGV-Eaesp. Essa dupla qualificação acadêmica tem sido coroada pelas suas atividades docentes, às quais ela se dedica religiosamente, com o máximo rigor científico e acadêmico.

O tema *Economia & meio ambiente* é da mais absoluta atualidade. A economia, como fato social, sempre foi um dos motores do mundo, em cada época com suas características, até que filósofos brilhantes do século XVIII, imbuídos do ideário iluminista e liberal, surgissem para dar à economia uma explicação fundada em princípios científicos e no estudo dos fenômenos sociais. Da escola clássica para cá, em cerca de 250 anos, a economia desenvolveu-se muito e adquiriu foros de ciência humana e social e, com faces diferentes, tem explicado a realidade da civilização industrial e da sociedade de consumo, na qual, em parte, nós vivemos.

Hoje, para nós, a economia não é apenas um motor: ela é, sobretudo, uma engrenagem – engrenagem complexa e desafiadora. As crises que apareceram sob a bandeira do liberalismo e sob a poderosa ideologia marxista-leninista deixam clara essa índole desafiadora da economia.

De um tempo para cá, porém, a grande interrogação é sobre o papel dessa ciência no mundo pós-moderno e nos incertos rumos do planeta Terra. Não se pode falar de economia sem pensar na sustentabilidade do ecossistema terrestre, mas a recíproca é plenamente verdadeira. Basta lembrar que as mudanças climáticas, um dos riscos globais que nos ameaçam concretamente, apontam para fatores econômicos indiscutíveis; assim, também, uma política sobre mudanças climáticas vai implicar, de maneira inexorável, profundas mudanças econômicas, tanto na produção quanto no consumo, na globalização e fora dela.

Estamos na expectativa do que pode resultar da Conferência das Nações Unidas sobre desenvolvimento e sustentabilidade, a Rio+20, realizada em junho de 2012, no Rio de Janeiro. Aonde nos levarão as suas conclusões? Afinal, o que pretendem os chefes de Estado e de governo em relação a seus respectivos países? Mais ainda, o que pretendem dirigentes e políticos, o que propugnam as lideranças ambientalistas, socioeconômicas e científicas em relação ao planeta? Essa inquietação é procedente, porque, ao longo das cinco últimas décadas, os limites do crescimento tornaram-se uma pergunta que não quer se calar. Isso vem desde a Conferência das Nações Unidas sobre o Meio Ambiente Humano, realizada em Estocolmo, na Suécia, em junho de 1972. Notemos, porém, que a inquietação de países e governos não era original: muitas vozes técnica e politicamente autorizadas já se manifestavam sobre o tema havia algumas décadas.

Economia × ecologia? Essa foi uma questão emergente, que demandava uma resposta urgente. Essa resposta, contudo, não pôde ser respondida rapidamente porque desembocou na complexidade do mundo de hoje. Na tentativa de simplificar a complexidade, foi possível dizer que economia e ecologia não são antagônicas, mas, sim, complementares, pois ambas se direcionam para o mesmo objeto: a *oikos* (em grego, *casa*). A *logia* é o conhecimento da casa; a *nomia*, a governança ou administração da casa. Todavia, cabe uma observação: não se pode administrar sem antes conhecer, e bem, o que se administra. Portanto, o choque entre uma e outra deve ser considerado, na teoria, mais aparente do que real, embora a coisa não seja bem assim...

A *economia* nos fala dos recursos naturais a serem explorados em benefício da humanidade. A *ecologia* nos alerta sobre os limites desses mesmos recursos, a serem respeitados em benefício da mesma humanidade. O fiador do embate e do desenvolvimento sustentável é o próprio planeta Terra, nossa casa comum, cuja sobrevivência deve ser assegurada. O interesse da "casa", como um todo, vem prevalecendo, a tal ponto que muitos já se preocupam com uma economia verde, em oposição a uma economia do carbono, até hoje predominante; uma economia limpa *versus* uma economia suja.

Carmen Varela posiciona o leitor, logo de início, em face dos conceitos básicos de economia ambiental e economia ecológica; faz o mesmo em relação ao desenvolvimento sustentável. É bom prestar atenção a esses conceitos para não se cometer equívocos na adoção de políticas de desenvolvimento. Antes, porém, convém observarmos que o conceito de meio ambiente evoluiu – felizmente –; ele não mais nos remete a ideias românticas de natureza intocada, alheia à espécie humana. Ele é o resultado da interação dessa mesma espécie com os demais componentes do ecossistema planetário. Meio ambiente, portanto, inclui a família humana. Por isso, formou-se o tripé de uma política ambiental: "o economicamente viável, o socialmente justo, o ecologicamente prudente", na expressão conhecida de Ignacy Sachs.

A economia é uma ciência viga mestra na gestão ambiental. Para cumprir essa sua missão específica, ela nos proporciona elementos valiosos a fim de que a relação quantidade-qualidade seja corretamente aplicada no trato com os recursos naturais. Para tanto, ela nos fornece indicadores que respeitam a fragilidade do equilíbrio ambiental e nos municia com instrumentos de gestão.

Este livro coloca-nos à disposição utensílios ou mecanismos para planejar, aferir resultados e calibrar nossas intervenções no meio ambiente do qual fazemos parte. É claro, fluente (sem o conhecido "economês"), traz fórmulas e exemplos apropriados e não se destina apenas ao "fazer certo": ele contribui muito para o "entender certo" e o "reagir certo".

Esta obra seguirá o seu caminho e, como se deseja e se espera, contribuirá para o entendimento da questão ambiental sob um ângulo ainda pouco conhecido. Mais do que parabenizar a autora, cabe-nos agradecer-lhe por tão valiosos subsídios para que possamos situar-nos com clareza e objetividade em face das transformações profundas por que passa o mundo atualmente, pois desse mundo dependerá o mundo de amanhã.

José de Ávila Aguiar Coimbra

INTRODUÇÃO

A discussão sobre as questões ambientais vem ganhando força nos últimos anos, sobretudo pela crescente preocupação com o problema do aquecimento global, não somente por parte da esfera pública, mas também pelos consumidores e pelo setor privado. Essa e outras discussões estão fazendo com que os governos estabeleçam uma série de políticas que, de uma forma ou de outra, regulem as atividades empresariais, visando a utilização de processos produtivos menos poluentes e com menor consumo de energia, etc. Afora isso, a ampla divulgação dos problemas ambientais tem conscientizado a população em relação ao tema, exigindo mudanças em todos os setores.

Num mundo globalizado, é cada vez mais importante que as organizações incorporem políticas ambiental e socialmente corretas. Até alguns anos atrás, somente o setor industrial se preocupava com as questões ambientais, mas, atualmente, essas preocupações se estendem também ao setor agrícola e de serviços. Alguns países têm implementado políticas relacionadas ao ciclo de vida dos produtos, que implicam exigências ambientais até mesmo em relação a pequenos fornecedores de matérias-primas. Essa é uma área de atuação com inúmeros desafios, em que muitos dos instrumentos a serem utilizados ainda estão sendo criados, oferecendo oportunidades aos agentes envolvidos de participar do processo decisório.

É nesse contexto – e para que se entenda a evolução da discussão ambiental que ocorreu na área de economia, nos últimos anos – que tentamos, neste livro, explicar como surgiu o conceito de desenvolvimento sustentável; quais são os principais instrumentos de políticas ambientais existentes e quais os resultados obtidos em alguns casos de aplicação desses instrumentos; qual é a importância da valoração econômica do meio ambiente e apresentar, de forma bastante introdutória, seus principais conceitos; e discutir a questão dos indicadores ambientais de países, na maioria das vezes, bastante controversos.

A preocupação básica, aqui, foi tentar discutir alguns assuntos da área de economia do meio ambiente com uma linguagem relativamente acessível e de uma maneira introdutória. Todos os assuntos abordados podem ser aprofundados com outras leituras, algumas delas indicadas no final do livro.

DESENVOLVIMENTO SUSTENTÁVEL

Antes de discutirmos a questão do desenvolvimento sustentável, é importante distinguir a diferença existente entre os conceitos de crescimento e desenvolvimento econômico. Dizemos que ocorre crescimento econômico quando a produção total ou o Produto Interno Bruto (PIB) de um país aumenta. Alguns autores preferem trabalhar com dados de PIB *per capita*, também conhecidos como renda *per capita*, isto é, o resultado da divisão do PIB de um país pelo seu número total de habitantes; mas esse dado não nos dá uma noção de distribuição de renda, porque supõe que tudo que está sendo produzido num país é distribuído de forma homogênea entre toda a população. Sabemos que nem sempre isso é verdade, uma vez que pode haver excessiva concentração da renda nacional nas mãos de poucos indivíduos. Além disso, o fato de um país crescer não significa, necessariamente, que se desenvolveu. Para verificarmos se houve, ou não, desenvolvimento econômico, devemos levar em conta, além do PIB, uma série de outros parâmetros, como mortalidade infantil, grau de analfabetismo, desnutrição, etc.

Desenvolvimento econômico está relacionado à melhoria na qualidade de vida da população. Por isso, muitas vezes, encontramos a expressão "desenvolvimento socioeconômico" ou "desenvolvimento econômico-social".

Uma boa parte dos livros de economia utiliza o conceito de "crescimento" como sinônimo de desenvolvimento econômico. Isso se deve a uma série de evidências de que, no longo prazo, na maioria dos países, o crescimento acaba resultando em desenvolvimento, pois ele desencadeia, além de outros fatores, aumento no nível de empregos e salários, aumentando a produção nacional e, virtualmente, a distribuição da renda.

Outros autores acham ainda que não se deveria falar em "desenvolvimento econômico", mas sim em "desenvolvimento", por ser um fenômeno complexo e que, para verificar sua ocorrência, deve levar-se em conta, além de dados econômicos, também uma série de outras variáveis.[1]

O Índice de Desenvolvimento Humano (IDH), calculado pelo Programa das Nações Unidas para o Desenvolvi-

---

[1] Para saber mais sobre a discussão a respeito de crescimento econômico e desenvolvimento, consulte Veiga (2005b).

mento (PNUD), é um dos indicadores existentes para mensurar o desenvolvimento econômico dos países, mas existem índices considerados mais complexos e avançados, chamados de "terceira e quarta geração".[2]

As discussões a respeito de um desenvolvimento econômico que preservasse o meio ambiente começaram a ocorrer a partir de 1972. Nesse ano, o Clube de Roma, formado por um grupo de cientistas políticos e empresários preocupados com algumas questões ambientais e seus possíveis impactos globais, encomenda uma série de estudos sobre o tema. O mais conhecido desses relatórios foi encomendado ao Instituto Tecnológico de Massachusetts (MIT) e publicado como *The Limits to Growth* (Meadows *et al.*, 1972 – Os limites do crescimento). Seus autores eram cientistas importantes e elaboraram um relatório bastante pessimista sobre o esgotamento dos recursos naturais, que na época teve grande repercussão sobre a opinião pública e a comunidade científica (Bellen, 2007; Mueller, 2007).

No mesmo ano, ocorreu, em Estocolmo, a primeira Conferência das Nações Unidas sobre o Meio Ambiente e Desenvolvimento (*United Nations Conference on Environment and Development*). Os participantes estavam seriamente preocupados com os efeitos danosos causados ao meio ambiente pelo processo de desenvolvimento econômico e, também,

---

[2] Para mais detalhes sobre esses índices, consulte Veiga (2006).

com a possibilidade de esgotamento de alguns recursos naturais, em razão do crescimento populacional, da aceleração da industrialização e do aumento do número de pessoas vivendo em regiões urbanas.

Em 1973, surge o conceito de "ecodesenvolvimento" elaborado por Ignacy Sachs, em função de uma proposta feita por Maurice Strong, secretário da Conferência de Estocolmo.

No começo da década de 1980, a Organização das Nações Unidas (ONU) retomou o debate das questões ambientais, criando uma Comissão Mundial sobre o Meio Ambiente e Desenvolvimento, que passou a ser chefiada pela primeira-ministra da Noruega, Gro Harlem Brundtland. Em 1987, essa, que ficou conhecida como Comissão Brundtland, divulgou um documento final de seu estudo, que passou a ser conhecido como *Nosso futuro comum* (*Our Common Future*) ou *Relatório Brundtland*. Foi a partir dessa publicação que se disseminou o conceito mais utilizado de desenvolvimento sustentável. De acordo com o *Relatório Brundtland* (CMMD, 1988, p. 46), "desenvolvimento sustentável é aquele que atende às necessidades do presente sem comprometer a possibilidade das gerações futuras de atenderem a suas próprias necessidades".

Na página 8 do *Relatório Brundtland*, está relatado, também, que o desenvolvimento sustentável deve demandar o atendimento das "necessidades básicas dos pobres de todo o mundo, aos quais se deve dar absoluta prioridade".

Para Ignacy Sachs, desenvolvimento sustentável deveria ser chamado de "desenvolvimento socialmente includente, ambientalmente sustentável e economicamente sustentado ao longo do tempo" (*apud* Veiga, 2005b).

Em 1992, vinte anos após a reunião de Estocolmo, foi realizada uma nova Conferência, pela Organização das Nações Unidas, no Rio de Janeiro,[3] para discutir aspectos relacionados à questão do desenvolvimento econômico e meio ambiente. Foi a partir dessa reunião que os problemas ambientais passaram a fazer parte do discurso oficial dos governantes de muitos países.

Não há um consenso em relação ao conceito de desenvolvimento sustentável. Há diversas definições,[4] mas uma grande parte dos estudiosos sobre o assunto converge em relação a alguns pontos. Para haver desenvolvimento sustentável, é necessário diminuir a poluição e o esgotamento dos recursos naturais, evitar os desperdícios e combater a pobreza.

Dentre muitas das discussões em torno da questão do desenvolvimento sustentável, citaremos aqui, a título de exemplo, as discussões de três dos principais autores sobre o assunto.

Para Costanza (1991), o sistema econômico está inserido num sistema maior, o ecológico, este com taxas de mudança

---

[3] Esta Conferência ficou mais conhecida como Eco-92 ou, ainda, Rio-92.
[4] Para alguns autores, existem cerca de 160 definições diferentes. Para mais detalhes, ver Bellen (2007).

mais lentas; e o conceito de desenvolvimento sustentável relaciona dinamicamente esses dois sistemas. Já Daly (1994) afirma que existe um limite físico, definido pelo sistema maior, o ecológico, que determina até que ponto o sistema menor, o econômico, pode operar. Outro autor, Pearce (1993), diz que existem diferentes graus de sustentabilidade e utiliza quatro classificações: a) sustentabilidade muito fraca; b) sustentabilidade fraca; c) sustentabilidade forte e d) sustentabilidade muito forte.[5]

A tentativa de alcançar um desenvolvimento sustentável é um processo dinâmico e em evolução, uma vez que as pessoas, o meio ambiente, as tecnologias, os valores e as escolhas se modificam constantemente. Existem diferentes caminhos que uma sociedade pode seguir no seu processo de desenvolvimento. Em função das diversas definições de sustentabilidade, fica difícil determinar precisamente as condições de sustentabilidade de determinado desenvolvimento, mas o que se pode fazer é apontar um caminho que seja "mais sustentável". Para alguns autores, como Rutherford (1997), o maior desafio é compatibilizar o nível micro com o macro, isto é, construir um desenvolvimento sustentável e, ao mesmo tempo, elaborar ferramentas que comprovem a sua ocorrência, os chamados Indicadores de Sustentabilidade (Bellen, 2007). Mais adiante, discutiremos, ainda que resumidamente, alguns desses indicadores.

---

[5] Mais detalhes em Bellen (2007).

ECONOMIA E MEIO AMBIENTE: HISTÓRICO

A economia passou a ser vista como uma disciplina a partir da obra do filósofo e economista escocês Adam Smith, intitulada *A riqueza das nações*, publicada em 1776, e dos economistas clássicos, no final do século XVIII, período em que começou a ocorrer a Revolução Industrial na Inglaterra, na Alemanha e em alguns outros países. Nessa época, considerava-se que o sistema econômico estava inserido no meio ambiente e, por sua vez, este era considerado passivo e benevolente. Isto é, a maior parte dos países sobrevivia à custa das atividades agrícolas, que dependiam das condições do meio ambiente; mas, como os recursos ambientais ainda não tinham começado a se esgotar e eram vistos como "dádivas gratuitas da natureza", as preocupações em relação à área de meio ambiente praticamente não existiam.

Thomas Malthus e a segunda geração dos considerados economistas clássicos, como David Ricardo e John Stuart Mill, achavam que a economia iria crescer até que a população atingisse o limite máximo determinado por sua base de recursos naturais. Mesmo com essas preocupações, o meio ambiente era considerado neutro e passivo. Malthus, principalmente, mostrava-se preocupado com a produção de alimentos e o crescimento populacional. Achava que a população crescia numa progressão geométrica, enquanto o crescimento da produção de alimentos se dava numa progressão aritmética. Sua previsão era pessimista. Ele achava que existia a possibilidade de uma falta de alimentos, que acabou não se concretizando por causa da ocorrência de inovações tecnológicas nos processos produtivos, que não tinham sido consideradas no seu modelo. A visão que esses economistas tinham era de que as restrições que o meio ambiente imporia ao crescimento econômico decorriam apenas da disponibilidade limitada de recursos naturais, primordialmente de terras para a agricultura.

A escola neoclássica da economia surgiu em meados do século XIX. Para seus seguidores, o desenvolvimento tecnológico aumentaria a produção de alimentos. Em função disso, para eles, o meio ambiente passou a ocupar uma posição secundária. Depois surgiram as Teorias de Crescimento Econômico e, nesses modelos, a economia funcionava de forma totalmente independente do meio ambiente.

Até fins da década de 1960, era essa a posição que vigorava. Segundo essa crença, as questões ambientais eram vistas como quase sem importância. A partir desse período, surgiu a escola de economia ambiental, que se desenvolveu como um campo de especialização do *mainstream* neoclássico.[1]

Ao longo do tempo, alguns fatores que ocorreram acabaram influenciando o crescimento da discussão das relações existentes entre economia e meio ambiente. Entre esses fatores, podemos destacar:

- o aumento da poluição nas economias industrializadas, a partir da Segunda Guerra Mundial;
- as crises do petróleo de 1973 e 1979, que fizeram com que os países percebessem que suas economias dependiam extensamente de um determinado recurso natural para a sua produção energética, que em algum momento iria se esgotar; e
- o surgimento do Relatório do Clube de Roma, encomendado para o MIT e publicado em 1972, com o título de *Os limites do crescimento*. Como foi dito anteriormente, era um relatório pessimista sobre o esgotamento dos recursos naturais, que acabou tendo repercussão significativa sobre a opinião pública e a comunidade científica.

---

[1] Mais detalhes em Mueller (2007).

Nesse ínterim, a tomada de consciência em torno da problemática do meio ambiente veio ganhando corpo nos mais diferenciados campos do saber. Formou-se uma rede de conhecimentos cada vez mais integrados, de modo que a gestão ambiental passou a depender de conhecimentos interdisciplinares. A economia intensificou a sua presença nas políticas ambientais, interagindo com outras ciências. Para fazer frente a esse cenário, surgiu uma área de estudo chamada "economia do meio ambiente".

ECONOMIA AMBIENTAL × ECONOMIA ECOLÓGICA

Existem diversas linhas de pensamento relacionadas à área de economia do meio ambiente, mas, atualmente, as duas principais correntes de interpretação são as da economia ambiental e da economia ecológica. A seguir, apresentamos resumidamente as principais características dessas duas escolas.

Economia ambiental

Essa escola também é conhecida como neoclássica e representa o *mainstream*. Seus seguidores consideram que os recursos ambientais não representam uma limitação ao crescimento econômico no longo prazo, seja por meio do fornecimento de fontes de insumos, como água e energia, seja em relação à capacidade de assimilação dos impactos aos ecossistemas causados pela atividade humana.

O economista Nicholas Georgescu-Roegen foi um dos primeiros a criticar a visão neoclássica de que os recursos naturais não se esgotariam (Romeiro, 2003). A visão da escola sobre os recursos ambientais se alterou ao longo do tempo, mas os trabalhos de hoje consideram que as limitações de disponibilidade de recursos naturais podem ser superadas pelo progresso da ciência e tecnologia. Para eles, essa superação dos limites ambientais ao crescimento econômico deve acontecer por meio de regulamentação que estipule mecanismos de mercado.

Alguns pesquisadores dizem que os trabalhos desenvolvidos pela escola de economia ambiental são equivalentes a uma engenharia econômica, pois seus autores se isolam da dimensão moral e ética da análise econômica. Além disso, eles não consideram as dimensões da sustentabilidade e da incerteza, o que facilita a formalização de seus modelos. Dentre seus principais expoentes, encontram-se autores como William Baumol e David Pearce.

Economia ecológica

Essa escola tem um caráter transdisciplinar e leva em conta, em seus estudos, além de fatores econômicos, o ponto de vista ecológico. Para eles, o sistema econômico é um subsistema do ecológico, e este último impõe limitações à expansão do primeiro. Os estudos da escola de economia ecológica diferem tanto dos trabalhos da economia convencional como dos da ecologia convencional; tanto em termos da percepção do problema como da importância atribuída à interação existente entre economia e meio ambiente, assumindo assuntos mais abrangentes em termos de tempo, espaço e de amplitude do sistema (Costanza, 1994). Nesse contexto, há quem afirme que a economia é um capítulo da ecologia.

Seus autores reconhecem, assim como os economistas ambientais, a importância dos avanços tecnológicos para aumentar a eficiência da utilização dos recursos naturais e, assim como eles, também acreditam que, para que essa eficiência seja alcançada, é possível a utilização de incentivos econômicos, caso sejam necessários. Eles não acreditam na suposição da economia ambiental de que haja uma capacidade indefinida de superar as restrições ambientais globais. Dentre os representantes da escola de economia ecológica, podemos citar, dentre outros, Herman Daly, Robert Costanza e Richard Norgaard.

Outro ponto de convergência entre as duas escolas é que é preciso fazer a valoração econômica do meio ambiente para poder ajudar na tomada de decisões do poder judiciário, por exemplo, no caso de definição de indenizações; mas, para a escola de economia ecológica, devem-se usar outros parâmetros, além da análise custo-benefício, para poder tomar decisões (Romeiro, 2000 e 2003).

FERRAMENTAS DE ANÁLISE DA ECONOMIA DO MEIO AMBIENTE

INSTRUMENTOS DE POLÍTICAS AMBIENTAIS

Existe uma série de ferramentas que podem ser utilizadas para gerir os problemas ambientais. Porém, a maior parte dos países, incluindo o Brasil, utiliza somente alguns desses instrumentos, às vezes pelo fato de a legislação vigente não permitir o uso de alguns deles e, outras vezes, por acomodação ou incerteza em relação aos seus resultados.

Na sequência, apresentamos os instrumentos de políticas ambientais mais importantes.

Tipos

Os instrumentos de políticas ambientais podem ser diretos ou indiretos. Os instrumentos diretos são aqueles elaborados para resolver questões ambientais, e os indiretos são os desenvolvidos para resolver outros problemas, mas que, de uma forma ou de outra, acabam colaborando para as soluções ou agravamento dos problemas relativos ao meio ambiente. Alguns autores, como Eskeland & Jimenez (1991), consideram que, em certos casos, os instrumentos indiretos podem afetar seriamente o meio ambiente, apesar de muitas vezes não serem intencionais, como no caso de políticas de finanças públicas que agem sobre os preços relativos e, indiretamente, causam grande impacto para a poluição. Um exemplo desse tipo de política seria o incentivo fiscal fornecido pelo governo com a intenção de atrair empresas de diversos setores para uma determinada região, com a finalidade principal de gerar empregos. Se essa ocupação não for planejada desde o início e as questões ambientais não forem levadas em conta, a política governamental pode gerar problemas futuros para o meio ambiente da região.

As políticas de comando e controle são determinadas legalmente e não dão aos agentes econômicos outras opções para solucionar o problema. São aplicadas a fontes específicas e determinam como e onde, por exemplo, reduzir a poluição.

Os incentivos de mercado visam dar maior flexibilidade aos agentes envolvidos em relação às opções de escolha, sem comprometer a eficiência dos resultados relacionados ao meio ambiente. Se um agente poluidor fosse, por exemplo, taxado pela quantidade de poluição emitida, ele poderia optar por pagar essa taxa, ou, então, caso o custo de controle de suas emissões de poluição fosse menor do que a taxa cobrada, poderia diminuir a quantidade de poluição emitida.

Para Serôa da Motta & Reis (1992), os instrumentos de comando e controle se caracterizam pela utilização de formas de regulação direta e indireta, via legislação e normas, e os mecanismos de mercado podem ser caracterizados pelo uso de taxas ou tarifas (atuam nos preços) ou certificados de propriedade (atuam na quantidade). Ainda segundo esses autores, no Brasil, a gestão ambiental tem se pautado pelo uso de regulação, ou seja, instrumentos de comando e controle, que são classificados em quatro categorias:

- Padrões ambientais de qualidade e de emissão.
- Controle do uso do solo (saneamento e áreas de proteção).
- Licenciamento – Estudo de Impacto Ambiental (EIA) e Relatório de Impacto Ambiental (Rima).
- Penalidades (multas, compensações, etc.).

Segundo Zulauf (2000, p. 87),

[...] a pressão dos movimentos ecologistas, amplificada pela mídia, e a inserção do tema no discurso político, a par do de-

> senvolvimento técnico nos instrumentos oficiais de defesa do meio ambiente e científico nas universidades, levaram as autoridades governamentais, em todos os níveis, a editar leis, decretos, normas técnicas e demais instrumentos de *enforcement*, isto é, de controle ambiental [...].

Em função da Conferência das Nações Unidas sobre o Meio Ambiente, realizada em Estocolmo, em 1972, vários países criaram órgãos para gerir as questões ambientais. O Brasil foi um deles e criou, em 1973, em nível federal, a Secretaria Especial do Meio Ambiente (Sema), que tinha um papel limitado, apenas assessorando a Presidência da República em relação aos problemas ambientais.

Também nos anos 1970, alguns estados começaram a criar seus próprios órgãos ambientais, como é o caso de São Paulo (Cetesb), Rio de Janeiro (Feema) e Rio Grande do Sul (Fepam). Surgiram as primeiras legislações ambientais estaduais, estabelecendo alguns instrumentos públicos de gestão ambiental.[1]

A Lei nº 6.938, de 31 de agosto de 1981, aprovada pelo Congresso Nacional, implantou a *Política Nacional do Meio Ambiente*, visando a ação governamental para a manutenção do equilíbrio ecológico. Essa lei criou o Sistema Nacional de Meio Ambiente (Sisnama), que institucionalizou uma série de instrumentos de política ambiental no país, além de es-

---

[1] Para mais detalhes, consulte Barbieri (2007) e Puppim de Oliveira (2008).

tabelecer uma estrutura organizacional com a finalidade de realizar a gestão dessas políticas públicas ambientais nas três esferas de governo: federal, estadual e municipal. Alguns órgãos de gestão ficariam encarregados da regulação e, outros, da execução das políticas públicas ambientais.

O Código Tributário Nacional permite que se utilizem impostos indiretos sobre a produção e o consumo, por meio de um mecanismo de gradação de alíquotas, isenções e restituições, com a finalidade de estimular a fabricação de produtos menos poluentes e desestimular processos produtivos que ameacem o meio ambiente (SMA, 1998).

De acordo com a SMA (1998), podemos destacar alguns destes instrumentos da legislação nacional:

- Decreto-Lei nº 755, de 19 de janeiro de 1993 – estabelece alíquotas diferentes do Imposto sobre Produtos Industrializados para os veículos movidos a álcool.
- Lei nº 8.171, de 17 de janeiro de 1991 – permite que, dentro da Política Nacional para a Agricultura, sejam utilizados tributação e incentivos fiscais para promover a proteção ao meio ambiente, uso racional do solo e estimular a recuperação ambiental.
- Lei nº 9.605, mais conhecida como "Lei dos Crimes Ambientais", promulgada em 1998, considerada um dos marcos regulatórios da Política

Nacional do Meio Ambiente – baseado nessa lei, a degradação ambiental pôde ser considerada um crime, passível de responsabilizar tanto as pessoas físicas como jurídicas envolvidas com problemas ambientais.
- Lei nº 4.771, de 15 de setembro de 1971, e Lei nº 8.847, de 28 de dezembro de 1993 – excluem da base de cálculo do Imposto Territorial Rural as áreas compostas por floresta nativa, áreas de preservação permanente e as destinadas à reserva legal.
- Lei nº 5.106, de 2 de setembro de 1966 – autoriza que as pessoas físicas abatam de seu Imposto de Renda gastos com florestamento e reflorestamento.

Apesar da ainda escassa utilização de instrumentos econômicos ou incentivos de mercado na política ambiental brasileira, a tendência é de ampliação de seu uso.

Em relação à questão dos recursos hídricos, segundo Canepa (2003, p. 64):

> [...] foram promulgadas diversas leis estaduais (como a 7.763/92, de São Paulo, e a 10.350/94, do Rio Grande do Sul), bem como a lei federal 9.433/97, todas mais ou menos inspiradas no modelo francês de gestão de recursos hídricos, isto é, um modelo descentralizado e participativo, operando através dos comitês de bacias hidrográficas [...].

Essa legislação permite a implementação da cobrança pelo uso da água.

Outra tendência na política ambiental brasileira é a descentralização, com o governo federal se restringindo a elaborar políticas norteadoras e deixar os estados e municípios cada vez mais responsáveis pela implementação das políticas ambientais, de forma que possam defender melhor os interesses locais.

A tabela 1 apresenta, resumidamente, os principais instrumentos de políticas ambientais existentes.

Tabela 1. Instrumentos de política ambiental

	Instrumentos diretos	Instrumentos indiretos
Comando e controle	<ul><li>Padrões de emissão</li><li>Cotas não transferíveis</li><li>Controle de equipamentos, processos, insumos e produtos</li><li>Rodízio de automóveis estadual em São Paulo (redução de poluição)</li><li>Zoneamento</li></ul>	<ul><li>Controle de equipamentos, processos, insumos e produtos</li><li>Rodízio de automóveis municipal em São Paulo (redução de congestionamento)</li></ul>
Incentivos de mercado	<ul><li>Taxas e tarifas</li><li>Cotas transferíveis</li><li>Subsídios à produção menos poluente</li><li>Sistemas de restituição de depósitos</li><li>Pedágio urbano "verde" (*ecopass*)</li><li>Pagamento por Serviços Ambientais (PSA)</li></ul>	<ul><li>Impostos e subsídios a equipamentos, processos, insumos e produtos</li><li>Subsídios a produtos similares nacionais</li><li>Pedágio urbano para reduzir congestionamentos</li></ul>

Fonte: Adaptada de Eskeland & Jimenez (1991) e Varela (2007).

Comando e controle

Os instrumentos de comando e controle estabelecem, por meio de decretos, leis e regulamentações, o que os agentes econômicos podem ou não fazer (Mueller, 2007). São também conhecidos como mecanismos de regulação. Apesar de os críticos afirmarem que estes instrumentos não dão alternativas aos agentes econômicos, continuam sendo os mais utilizados ainda hoje.

Instrumentos diretos

Padrões de emissão para fontes específicas

São estabelecidos pelos órgãos ambientais responsáveis pelo controle de emissões em determinada região e, normalmente, são determinados em função dos efeitos que o poluente em questão gera para a saúde dos indivíduos. Dificilmente se estabelecem padrões levando em consideração seus efeitos para as plantas, os animais ou o meio ambiente. O não cumprimento dos padrões de emissão pode incorrer em cobrança de multa.

Cotas (ou licenças) não transferíveis

São também chamadas de certificados de propriedade ou direitos de poluir. São estabelecidas cotas de emissão que podem ser leiloadas pelo órgão ambiental ou distribuídas aos agentes econômicos. As cotas transferíveis são consideradas mecanismos de mercado, porque podem ser transacionadas entre os agentes. No caso das cotas não transferíveis, não é permitida a sua comercialização, portanto, não há estímulo para reduzir a emissão em níveis abaixo do que está estipulado nas cotas, a menos que o órgão responsável determine que, depois de certo período de tempo, o nível de emissão permitido deva diminuir. As cotas (ou licenças) podem também ser utilizadas para determinar a quantidade de um recurso natural que pode ser explorada ou para permitir a instalação e o funcionamento de um estabelecimento comercial ou produtivo em um local específico.

Controle de equipamentos, processos, insumos e produtos

Pode-se exigir a instalação de equipamentos antipoluição como, por exemplo, filtros; obrigar que as empresas utilizem tecnologias limpas; exigir que se utilizem insumos menos poluentes e estabelecer normas para a produção de bens ambientalmente corretos.

Rodízio de automóveis estadual (SP)

O rodízio de automóveis criado pela Secretaria do Meio Ambiente do Estado de São Paulo visava à redução da emissão de determinados poluentes, principalmente do monóxido de carbono, no período de inverno. Nessa época, a região sofre com inversões térmicas, que fazem com que altas concentrações de poluentes demorem mais tempo para se dispersar e fiquem em contato com a população, causando uma série de doenças respiratórias. A estimativa era de reduzir em 20% a circulação diária de automóveis já que, a cada dia, automóveis com dois finais de placa diferentes não podiam circular em determinados horários. Esse tipo de mecanismo foi utilizado também em outras cidades, como Santiago (Chile) e Cidade do México (México), para reduzir a poluição atmosférica, mas, como as condições do transporte urbano nessas cidades não servem adequadamente a toda a população e esse instrumento foi utilizado por um longo período de tempo, as pessoas passaram a comprar um segundo automóvel, mais velho que o primeiro e, portanto, mais poluente, para utilizar no dia do rodízio.

Zoneamento

Sua finalidade é exercer um controle espacial das atividades realizadas pelos agentes econômicos, mas, com o crescimento desenfreado das grandes cidades e a falta de fiscalização adequada, fica difícil fazer valer as regras estipuladas pela legislação. Um exemplo disso é o funcionamento de bares noturnos e restaurantes em áreas que deveriam ser estritamente residenciais ou mesmo os loteamentos e a ocupação irregular de áreas de mananciais.

Instrumentos indiretos

Controle de equipamentos, processos, insumos e produtos

São procedimentos que podem ou não ser estabelecidos por uma legislação, mas que visam, por exemplo, maior segurança dos trabalhadores, redução de custos, etc., e que podem acabar afetando positiva ou negativamente as questões ambientais.

Rodízio de automóveis municipal (na cidade de São Paulo)

Assim como o rodízio estadual, estipula diariamente que veículos com dois finais de placa diferentes não podem circular pela cidade em determinados horários. Mas o rodízio municipal restringe-se somente a algumas áreas e, ao contrário do rodízio estadual, cuja restrição de circulação de alguns veículos ocorria em toda a cidade e visava à redução da emissão de poluentes no ar, foi criado com o intuito de reduzir os congestionamentos, principalmente na região central da cidade. Apesar disso, esse mecanismo acaba afetando o meio ambiente da região.

Incentivos de mercado

Os incentivos de mercado são também chamados de incentivos econômicos ou instrumentos de mercado, porque têm a finalidade de reduzir a regulamentação, dar maior flexibilidade aos agentes envolvidos dando a eles alternativas, reduzir os custos de controle dos problemas ambientais e estimular o desenvolvimento de tecnologias mais limpas. Podem ser chamados de mecanismo poluidor-pagador, quando o instrumento utilizado faz com que o poluidor pague pelo dano causado, ou usuário-pagador, quando, por sua vez, é o usuário que tem de pagar pelo custo social total[2] que o produto gera ao meio ambiente.

Para Hahn (2000), os instrumentos de mercado permitem que se atinjam as metas ambientais, com um custo menor que o dos métodos de comando e controle. Portney (2000b) afirma que o interesse dos economistas por esses mecanismos tende a crescer nos próximos anos.

Instrumentos diretos

Taxas e tarifas

De acordo com Pigou, o preço cobrado pelos bens e serviços deveria englobar também o custo causado pela externalidade, subentendido como custo externo de produção ou custo dos problemas causados pelo processo produtivo (Varela, 2007). O valor referente a esse custo externo seria repassado para o governo na forma de uma taxa, chamada de taxação pigouviana, que seria o equivalente, no caso de uma empresa que, por exemplo, joga seus resíduos num rio, ao custo marginal (ou custo por unidade) de controle da poluição emitida. Na realidade, os valores estabelecidos para esse ins-

---

[2] Além do custo de produção (custo interno), inclui o custo externo, isto é, o custo de controle da externalidade negativa, ou do problema ambiental, gerado durante o processo de produção ou consumo do bem ou serviço.

trumento não se baseiam no custo que a externalidade causa para o meio, porque isso exigiria o conhecimento da função dano do poluidor, mas sim em valores estabelecidos pelos órgãos ambientais, para que consigam atingir os seus objetivos (Varela, 1993a; Varela, 2007). Os tipos de taxas mais comuns são as cobradas sobre efluentes na água, ar e solo, em que, para a definição da cobrança, só são levadas em consideração as quantidades de poluentes emitidas, independentemente do dano causado pela emissão; as taxas sobre produtos, que incidem sobre o preço dos bens que durante o seu processo de produção ou consumo geram danos ao meio ambiente; as taxas sobre os usuários, que contabilizam o custo do tratamento público ou coletivo dos efluentes e a cobrança de taxas diferenciadas, que permite que sejam cobrados valores menores para os produtos mais favoráveis ao meio ambiente (Almeida, 1997; SMA, 1998).

Cotas transferíveis (ou licenças de poluição comercializáveis ou certificados de propriedade)

As cotas transferíveis são chamadas, normalmente, de instrumentos de quantidade, porque elas racionam uma provisão fixa de determinado produto, que pode ser um poluente ou um recurso natural. Normalmente, o órgão governamental responsável pelas questões ambientais estipula qual o nível máximo de produto permitido e leiloa ou distribui cotas entre os agentes econômicos de determinada região.

Essas cotas equivalem a porcentagens do valor máximo estipulado. Se estivermos falando, por exemplo, da emissão de determinado poluente, com o passar do tempo, caso determinada empresa necessite poluir mais do que o permitido pelas cotas que possui, ela pode tentar comprar permissões de outras empresas ou, então, se for economicamente viável, pode adotar tecnologias menos poluentes. Como as cotas podem ser transacionadas, cria-se um mercado ao redor das permissões de poluição, o que acaba estimulando as empresas – cujos gastos com a mudança para tecnologias mais limpas são relativamente baixos – a adotá-las e transacionar suas cotas excedentes no mercado. A função do órgão do governo seria o de fiscalizar a emissão total dos poluentes naquela região e, caso o nível total permitido fosse ultrapassado, esse órgão cobraria uma multa da região como um todo. Para poder continuar funcionando, as empresas teriam de pagá-la e decidir entre elas quem ultrapassou as cotas permitidas, penalizando a empresa responsável. Funciona como uma espécie de autogestão. Com isso, pode-se diminuir o nível de poluição ao longo do tempo,[3] dar maior flexibilidade para as empresas se adaptarem aos padrões de emissão estabelecidos e diminuir os gastos administrativos do governo para controlar a poluição, já que medir a emissão de poluentes de

---

[3] Caso as cotas de permissão de poluição estejam vinculadas à diminuição do nível permitido de emissão de poluentes ao longo dos anos.

cada empresa é um processo bastante difícil e custoso (Varela, 2007).

De acordo com Hahn (1989), a implementação dos certificados de propriedade deve sempre envolver os seguintes passos: a) estabelecimento de um nível padrão de qualidade ambiental; b) definição do nível de qualidade ambiental em termos do total de emissões de elementos poluentes permitidos, e c) as permissões têm que ser alocadas entre as firmas e cada permissão concede ao seu dono a emissão de uma quantidade específica de poluição. Como já foi mencionado, os certificados de propriedade podem ser utilizados também para estipular quantidades máximas de recursos naturais, como madeira, petróleo, minérios, etc., que podem ser extraídas de determinada região.

Subsídios à produção menos poluente

Têm a finalidade de auxiliar monetariamente as empresas para que cumpram os padrões ambientais estabelecidos. Podem ocorrer por meio de subvenções (assistência financeira não reembolsável), empréstimos subsidiados ou incentivos fiscais que estimulem as empresas a adotar medidas antipoluição.

Sistemas de restituição de depósitos

Correspondem a uma caução cobrada sobre determinado produto, que é restituída quando, após o uso, ocorre a devolução da embalagem ou do próprio bem. A sua finalidade é dar um destino final adequado a alguns produtos que contêm metais pesados, como pilhas, baterias, latas de tinta, etc., ou estimular a reciclagem de materiais que demoram anos para se degradar, como vasilhames de plástico, latas de aço, pneus, etc. (Guimarães *et al.*, 1995; Varela, 2007).

Pedágio urbano "verde"

Começou a ser aplicado em janeiro de 2008, em Milão, na Itália, e também recebe o nome de *ecopass*. Os carros que poluem pouco são isentos do pagamento. É uma mistura de instrumento direto com indireto de política ambiental, uma vez que sua finalidade é não só reduzir a poluição como também os congestionamentos (Masson, 2008).

Pagamento por Serviços Ambientais (PSA)

Corresponde ao pagamento de uma remuneração para a recuperação, construção ou conservação da prestação de serviços ecossistêmicos. Seria o equivalente ao oferecimento de um subsídio para que determinado serviço ambiental continue a existir. Normalmente, esse pagamento é feito pelo governo, mas também pode incluir remunerações feitas pelo setor privado (Peixoto, 2011). Um exemplo dessa possibilidade é o caso do Projeto Oásis, da Fundação Grupo Boticário, que busca contribuir para a preservação da vegetação em terras privadas, situadas em áreas de mananciais.

Instrumentos indiretos

Impostos e subsídios a equipamentos, processos, insumos e produtos

Às vezes, o governo estabelece algumas políticas de desenvolvimento industrial, tecnológico ou de gestão territorial e urbana, que acabam afetando o meio ambiente de forma indireta. Um exemplo disso foi o estímulo dado para a instalação de empresas no Polo Petroquímico de Camaçari por meio da isenção de cobrança de alguns impostos – a concentração de agentes poluidores acabou degradando o meio ambiente da região. O estímulo ao uso do gás natural como fonte energética para substituir a energia gerada por hidrelétricas, por causa da escassez de água dos reservatórios, também pode afetar positiva ou negativamente as questões ambientais de algumas regiões do país.

Além disso, na área rural, de acordo com Vieira (2007, p. 44),

> [...] projetos de irrigação mal concebidos podem causar erosão do solo, laterização, alcalinização, sedimentação em canais e reservatórios, doenças endêmicas, degradação dos ecossistemas aquáticos, destruição de certas espécies e proliferações de outras, etc. [...].

Subsídios a produtos similares nacionais

Políticas de subsídios ao uso de alguns produtos nacionais, por exemplo, equipamentos, podem afetar o meio ambiente. Se os produtos nacionais incorporarem tecnologias mais limpas que as dos outros países, então, os efeitos ambientais serão positivos; caso contrário, poderemos ter efeitos negativos.

Pedágio urbano

A primeira cidade a cobrar uma tarifa para permitir a circulação de veículos em áreas congestionadas foi Cingapura. Além do pedágio, foi introduzido, também, um conjunto de medidas com a finalidade de reduzir o trânsito. Hoje, esse tipo de política é adotado em outras cidades do planeta, como Londres e Dubai (Masson, 2008).

Segundo Almeida (1997), as desvantagens das políticas de comando e controle, apontadas pelos economistas neoclássicos (da escola de economia ambiental), são:

- não consideram as diferentes estruturas de custos dos agentes econômicos para a redução da poluição;
- têm custos administrativos altos;
- criam barreiras à entrada, isto é, atuam como um empecilho para que novas empresas entrem em determinado mercado;
- quando atinge o padrão de emissão estipulado pelo órgão de controle ambiental, o poluidor não tem estímulo para introduzir novas melhorias tecnológicas em seu processo produtivo; e

- esses mecanismos podem sofrer influência de alguns grupos de interesse.

Pacotes de políticas e soluções negociadas

Até os anos 1990, a discussão entre os economistas era sobre a utilização de políticas de comando e controle ou incentivos de mercado. Os formuladores de política da maioria dos países defendiam a utilização de mecanismos de comando e controle ou, dentre os incentivos de mercado, o uso das taxas. Isso ocorria porque esses instrumentos de políticas ambientais geram receitas, que são sempre bem recebidas pelos gestores públicos.[4] Apesar disso, no final dos anos 1990, alguns governantes, principalmente dos países que fazem parte da Organização para Cooperação e Desenvolvimento Econômico (OCDE), perceberam que fatores como o comércio internacional, a liberalização do mercado de capitais, o aumento da pressão da população, o crescimento econômico, o uso de novas tecnologias e as alterações nos padrões de consumo mundial podiam trazer efeitos positivos ou negativos para o meio ambiente, e que seriam necessárias políticas governamentais para combater seus efeitos negativos. Como os problemas relacionados ao meio ambiente vinham mudando

---

[4] Mais detalhes em Almeida (1997).

rapidamente, perceberam, também, que políticas ambientais, isoladamente, não seriam mais suficientes para resolvê-los. Seriam necessárias políticas que integrassem os problemas ambientais aos aspectos econômicos e sociais.

A complexidade das questões ambientais, segundo a OCDE (2001), fez com que um instrumento de política isolado não fosse mais suficiente para resolver os principais problemas:

> Em função da complexidade de muitas das pressões mais urgentes sobre o meio ambiente, de sua natureza frequentemente interconectada, e da compreensão limitada de algumas de suas causas e efeitos, políticas individuais raramente serão suficientes para resolver de forma eficaz esses problemas. Em vez disso, as combinações de instrumentos de políticas serão necessárias para que se atinja o leque de atores que afetam o meio ambiente, aproveitando as sinergias para a realização dos diferentes objetivos da política ambiental e evitando conflitos políticos, resolvendo, assim, quaisquer preocupações que tenham a ver com aspectos competitivos e sociais dos instrumentos de políticas (OECD, 2001, p. 291).

Começou-se a discutir, então, a possibilidade de utilização de pacotes de políticas que incluíam combinações de instrumentos econômicos, de comando e controle, soluções negociadas, incentivos para promover o desenvolvimento tecnológico e sua difusão, e, também, instrumentos baseados em informação,[5] além de políticas de provisão de infraestrutura,

---

[5] Indicadores ambientais, valoração econômica do meio ambiente, educação e treinamento, etc.

etc. A meta consistia em encontrar um conjunto de políticas que fosse, ao mesmo tempo, eficiente (com o menor custo) e efetivo (que atingisse os objetivos ambientais desejados) (OECD, 2001).

Na prática, não importava quais os instrumentos utilizados, fossem eles de comando e controle, incentivos de mercado ou uma mistura dos dois tipos. Chegou-se à conclusão de que a meta principal dos governantes deveria ser a resolução dos problemas ambientais. Se tomarmos como exemplo a questão de uma empresa jogando resíduos num rio, não importava para o governante da região em questão cobrar uma multa ou uma taxa, aumentando com isso sua arrecadação, mas sim que a poluição da água deixasse de existir, independentemente do tipo de política que fosse necessário adotar.

De acordo com Portney (2000 a, p. 7), nas próximas décadas, haverá "[...] maior descentralização da autoridade ambiental aos níveis mais baixos de governo e ao mesmo tempo maior negociação internacional a respeito da harmonização de certos padrões ambientais [...]".

No início dos anos 2000, depois de tentar aplicar políticas de comando e controle, incentivos de mercado ou uma mistura dos dois tipos, percebeu-se que os agentes econômicos envolvidos recorriam à justiça e que os processos demoravam vários anos para serem julgados. Enquanto isso, a destruição dos bens e serviços ambientais continuava a ocorrer. Passou-se, então, a discutir soluções negociadas.

Alguns autores, como Corazza (2000), analisam a importância da negociação entre os representantes dos órgãos ambientais e os agentes econômicos envolvidos, e dos novos avanços nessa área. Segundo a autora, da barganha pode emergir uma nova regulamentação ambiental. O resultado da negociação poderia ser considerado como um tipo intermediário de instrumento de política ambiental, que se situaria entre a regulamentação direta e os incentivos econômicos. A negociação pode levar à assinatura de contratos entre os representantes do governo e os poluidores potenciais.

Ainda de acordo com Corazza (2000, p. 265),

> [...] esses contratos compreendem, geralmente, combinações de multas e de subvenções, que são concedidas para incitar os comportamentos dos agentes no sentido de permitir o alcance dos objetivos da política em questão. Quando as empresas se engajam livremente no processo, os contratos assumem uma forma particular que é, então, chamada de acordo voluntário. Muito recentes, os acordos voluntários são arranjos institucionais sob a forma de contratos entre as autoridades públicas e uma coalizão de empresas, originados durante o desenrolar do processo de regulamentação.

As autoridades públicas podem convidar os agentes econômicos envolvidos a participar da negociação, com o intuito de obter informações detidas por esses agentes e devido à necessidade de aceitação por parte deles das políticas desenvolvidas.

Wilen (2000, p. 324) também acha que os economistas não devem agir vigorosamente, defendendo a eficiência, mas devem procurar negociar:

> [...] em uma arena política aberta, um foco único na eficiência pode ser interpretado como insensibilidade em relação à equidade, desperdiçando a nossa credibilidade sobre as questões que podem ser inequívocas [...].

Já Wu & Babcock (1999) afirmam que programas voluntários de redução da poluição podem ser eficientes, e citam o Programa de Redução de Emissões de SO_2 (dióxido de enxofre) dos Estados Unidos, que encorajou as empresas a reduzirem voluntariamente suas emissões atmosféricas em 33% no ano de 1992 e em cerca de 50% no período de 1995.

Para Guimarães, Demajorovic e Oliveira (1995, p. 73), as transformações que vêm ocorrendo em relação às novas políticas ambientais em desenvolvimento envolvem discussões entre os diversos grupos de interesse e

> [...] ao contrário de uma visão simplificada muito difundida, que acredita na total harmonia entre ação empresarial e meio ambiente, o caminho a ser percorrido é bastante conflituoso e demandará intensas negociações.

Aqui no Brasil, o Ministério Público de várias regiões implantou um programa de mediação, no qual o autor do delito ambiental é chamado a assinar um Termo de Ajustamento de Conduta (TAC), com a finalidade de sanar rapidamente os danos ambientais. O intuito é fazer com que as partes envolvidas assinem um acordo e o obedeçam. Se isso não ocorrer, o caso pode ser levado à justiça comum.

Os Termos de Ajustamento de Conduta (TACs) têm sua origem no Código de Defesa do Consumidor (Lei nº 8.078, de 11 de setembro de 1990) que, segundo Milaré (2007, p. 977), no parágrafo 6º do artigo 5º, referente à lei que disciplina a ação civil pública, coloca:

> Os órgãos públicos legitimados poderão tomar dos interessados compromisso de ajustamento de sua conduta às exigências legais, mediante contaminações, que terá eficácia de título executivo extrajudicial.

Como, no direito, os bens e serviços ambientais são considerados de interesses difusos e coletivos e uma das funções do Ministério Público, no Brasil, é zelar pela proteção do meio ambiente, enxergou-se no compromisso de ajustamento de conduta um instrumento alternativo à solução de conflitos na área ambiental, visando não somente à reparação ou compensação dos danos e das áreas degradadas, mas também a uma ação educativa.[6]

---

[6] Mais informações em Fernandes (2006).

Casos de aplicação de políticas ambientais e seus impactos

Um dos casos de aplicação de políticas ambientais bem-sucedidos no Brasil foi um programa de controle de emissão de dióxido de enxofre (SO_2) em fontes estacionárias, implementado pela Companhia de Tecnologia de Saneamento Ambiental (Cetesb), em 1982, na Região Metropolitana de São Paulo (RMSP). Observou-se que grande parte da emissão de SO_2 (74% do total) era originária do processo de combustão de óleos com altos teores de enxofre. Fez-se, então, contato com a Petrobras, na busca de combustíveis mais limpos, e criaram-se medidas de controle na indústria. A Cetesb estabeleceu que o limite de emissão seria de 20 kg de SO_2 por tonelada para fontes novas e de 40 kg para fontes já existentes. O órgão autuou as 363 maiores fontes, que tiveram um prazo de cinco anos para se adequar aos padrões. O programa foi um sucesso e hoje não existem mais áreas identificadas que não atendam aos padrões de emissão de SO_2. Além disso, em todas as estações de medição monitoradas pela Cetesb, as médias de SO_2 se encontram bem abaixo do padrão anual de qualidade do ar (Cetesb, 1999 e 2007).

No início dos anos 1980, a região de Cubatão apresentava níveis críticos de poluição. Calculava-se que as empresas situadas na região lançavam diariamente cerca de mil toneladas de poluentes no ar. Em 1982, um estudo de Luiz Roberto

Tommasi, publicado em um relatório da Cetesb, alertou para os inúmeros casos de malformações congênitas e anencefalia que vinham ocorrendo, o que pegou de surpresa uma série de governantes da época (Gutberlet, 1996). Além disso, no mesmo período, a Serra do Mar corria riscos de desmoronamentos graves que podiam soterrar a maior parte das empresas situadas em Cubatão. As principais fontes poluidoras eram as indústrias siderúrgica, petroquímica, de cimento e de fertilizantes. Em setembro de 1984, a ocorrência de uma inversão atmosférica e a grande concentração, principalmente, de material particulado no ar, fez com que o governo do estado de São Paulo decretasse estado de emergência na região, tendo, até, que fechar algumas empresas e dar ordens de evacuar a população de um bairro da região, a Vila Parisi.[7] Em função da gravidade do problema e da ampla divulgação dos fatos pela mídia, a Cetesb desenvolveu um programa emergencial de redução da poluição industrial em níveis toleráveis, no prazo de cinco anos, e foram estabelecidos 62 cronogramas de atividades junto às empresas da região, com a finalidade de reduzir e monitorar a poluição. O órgão ambiental do estado de São Paulo especificou equipamentos, instalações e procedimentos de produção, para que fosse possível que cada fonte atendesse aos padrões estipulados, e se tornou mais agressivo na aplicação de multas e das exigências ambientais. Em

---

[7] Mais informações em Banco Mundial (1992).

dez anos, os gastos com controle da poluição atmosférica por parte das empresas chegaram aos US$ 700 milhões, mas os resultados foram altamente positivos (Cetesb, 1999 e 2007).

Alguns países utilizam taxas para desestimular a emissão de SO_2 (dióxido de enxofre) e NO_x (óxidos de nitrogênio) em termelétricas. O caso mais bem-sucedido é o da Suécia, que cobrou uma taxa de cerca de 7% sobre a tonelada de NO_2 (dióxido de nitrogênio) emitida pelas empresas com capacidade acima de 10 MW. O país conseguiu uma redução de emissão entre 30% e 40%, mas os recursos arrecadados com a taxa retornaram para os produtores de energia na forma de descontos. Nos outros países em que as taxas foram cobradas, não foi possível mensurar seus impactos (Guimarães *et al.*, 1995).

Segundo o Banco Mundial (1992), alguns incentivos e subsídios, aplicados em países em desenvolvimento ou subdesenvolvidos, geram distorções econômicas e graves problemas ambientais. Em uma amostra de cinco países situados na África, foram medidas as taxas cobradas sobre a extração de madeira e chegou-se à conclusão de que estas são equivalentes a apenas de 1% a 33% do custo do replantio. Na ex-URSS e nos países do Leste Europeu, são gastos cerca de US$ 180 bilhões, anualmente, para subsidiar a produção energética. Um estudo revela que mais de 50% da poluição do ar existente nesses países é resultante das distorções causadas por esses subsídios. Em sete países da África, Ásia e América Latina, os subsídios aos pesticidas ficam entre 19% e 83% de seus custos. Todos esses subsídios governamentais, mesmo que não intencionalmente, acabam afetando de forma negativa as questões ambientais.

Vários países da OCDE utilizam programas de restituição de depósitos que, para alguns produtos, apresentaram resultados altamente satisfatórios. Na maioria das vezes, esse sistema é utilizado para incentivar o retorno de embalagens para reciclagem. No caso das garrafas de vidro, estima-se uma devolução de 90% dos recipientes de cerveja e bebidas suaves. Os vasilhames plásticos têm um retorno de 60% e as latarias, entre 40% e 90%. Esse sistema é idêntico ao que existia no Brasil nos anos 1970 e 1980, quando, para se comprar bebidas nos supermercados e mercearias, era necessário levar os vasilhames de vidro. Quando não se levava, tinha-se de pagar um depósito ou caução, que só era devolvido quando se retornava os recipientes.

Nos anos 1990, a cobrança pela poluição sonora de aviões era feita em oito países, variando de acordo com o ruído, peso e modelo da aeronave. Na Alemanha, com a cobrança da taxa, o nível de ruído diminuiu em cerca de 43%. Nos outros sete países, os resultados são inconclusivos (Guimarães *et al.*,1995).

De acordo com Puppim de Oliveira (2003), no Japão, nos anos 1990, cobrava-se uma taxa de depósito e reembolso de 300 yens, equivalente a US$ 2 na época, por engradado de garrafas com 20 unidades. Essa taxa incidia sobre toda a cadeia produtiva, até o consumidor final. O mesmo tipo de instrumento de política ambiental era utilizado também para outros tipos de embalagens.

Em Cingapura, na Malásia, em 1991, foi implantado um programa que oferece descontos na taxa de licenciamento e uso das vias públicas, mas os veículos contemplados só podem circular no período das 19 às 7 horas nos dias úteis; após as 15 horas, aos sábados; domingos e feriados, é permitida a circulação o dia todo. Esses veículos têm a liberação para transitar a qualquer horário cinco dias por ano, desde que seus proprietários paguem uma taxa de US$ 20/dia. Há, ainda, um pedágio, com a finalidade de limitar o acesso de veículos particulares à região central. A cidade se livrou dos congestionamentos e conseguiu recuperar uma boa qualidade atmosférica (SMA, 1996).

A Operação Rodízio, iniciada em 1995 voluntariamente e, em 1996, estabelecida por lei pela Secretaria do Meio Ambiente do Estado de São Paulo (SMA), na RMSP, estabelecia que automóveis com dois finais de placa diferentes não podiam circular a cada dia da semana, excluindo os fins de semana, entre as 7 e 20 horas, em período considerado crítico,[8] com baixa dispersão dos poluentes. Quem não obedecesse ao rodízio, receberia uma multa, que poderia aumentar no caso de reincidência. Em 1998, o índice médio de obediência foi

---

[8] Em 1998, esse período foi de 4/5 a 25/9.

de 96,7%, para os automóveis, e 74,1%, para os caminhões. Estima-se que, nesse mesmo ano, durante o período em que houve o rodízio, cerca de 450 toneladas diárias de monóxido de carbono deixaram de ser emitidas. Apesar disso, como o período de vigência do rodízio foi sendo ampliado ao longo dos anos, uma parte da população comprou um segundo automóvel, normalmente mais velho que o primeiro e, portanto, mais poluente. Isso já havia ocorrido em Santiago, no Chile, e na Cidade do México, onde os rodízios foram ampliados para períodos cada vez maiores (Cetesb, 1999 e 2007; SMA, 1996).

Atualmente, a Operação Rodízio não existe mais, mas o rodízio municipal continua vigorando, na cidade de São Paulo, para uma área reduzida chamada de "zona central" ou "zona expandida". Sua finalidade inicial era a redução dos congestionamentos na cidade. Esse objetivo continua vigorando por causa do elevado índice de motorização dos habitantes da região e a baixa qualidade dos serviços de transporte urbano. Mas, hoje, o rodízio municipal passou a ser também imprescindível para a redução dos níveis de emissão de poluentes em alguns bairros da cidade. Apesar dos esforços dos governantes, os congestionamentos na cidade em horários de pico continuam imensos e, atualmente, já se fala na possibilidade de ampliar os dias de rodízio ou mesmo em se cobrar um pedágio urbano nos moldes da cobrança que vem sendo feita em Londres, na Inglaterra.

A primeira aplicação dos certificados de propriedade ou licenças de poluição se deu em 1981, no estado de Wisconsin, nos Estados Unidos. A finalidade era controlar, em parte, a demanda bioquímica de oxigênio,[9] do Fox River. O programa foi criado levando-se em conta o câmbio limitado dos certificados de propriedade no mercado. O objetivo principal dessa aplicação foi permitir às firmas da região grande flexibilidade quanto às opções de diminuição de poluição, desde que se mantivesse a qualidade ambiental. As empresas receberam permissões que definiam uma carga permitida de emissão de resíduos para cinco anos. Estudos preliminares estimavam que o programa resultaria numa economia de cerca de 7 milhões de dólares por ano, mas a redução de custos foi mínima, uma vez que as empresas sofriam uma série de restrições para poder transacionar seus certificados no mercado.

A proposta do programa de certificados de propriedade para o comércio de chumbo, implementado nos Estados Unidos, tinha como objetivo conceder maior flexibilidade às empresas durante o período em que a quantidade de chumbo na gasolina estava sendo reduzida. O programa foi projetado para ter um período de vida fixo desde o princípio. Os créditos de transação de chumbo foram permitidos a partir de 1982, iniciaram-se em 1985, e a permissão terminou no final de 1987. Ganhou destaque por não haver discriminação entre as firmas que, no passado, tinham sido grandes ou pequenas produtoras de gasolina.

---

[9] A demanda bioquímica de oxigênio (DBO, como é conhecida) pode ser entendida como a quantidade de oxigênio necessária à oxidação da matéria orgânica pela ação das bactérias (Derísio, 1992).

A criação dos créditos de chumbo foi baseada unicamente no nível de produção existente no início da transação. Assim, se o padrão era de 0,6 grama de chumbo por galão de gasolina e se a empresa produzia 10.000 galões, então, recebia o direito de produzir ou vender 6.000 gramas de chumbo (10.000 × 0,6). Quando a Environmental Protection Agency (EPA), Agência de Proteção Ambiental dos Estados Unidos, propôs as regras para as transações dos direitos de chumbo, estimava que os benefícios econômicos fossem da ordem de 228 milhões de dólares. Em 1985, mais de metade das refinarias dos Estados Unidos participavam das transações das permissões; cerca de 15% dos direitos de chumbo utilizados foram trocados e, aproximadamente, 35% dos direitos de chumbo disponíveis foram bancados para uso futuro ou para o comércio. O sucesso do programa se deveu à facilidade de monitoramento, ao fato de sua duração ser por um período curto de tempo e definida *ex ante*, além de ter sido firmado um acordo com as refinarias sobre as metas ambientais, em que ficou acertado, entre outras coisas, que o chumbo seria retirado da gasolina por etapas (Hahn, 1989; Varela, 1993b e 2007).

Atualmente, a base teórica do funcionamento do modelo de cotas negociáveis (ou certificados de propriedade) está sendo utilizada para os Mecanismos de Desenvolvimento Limpo, ou MDLs, criados com a finalidade de reduzir a taxa de crescimento do aquecimento global. A única diferença é que, em vez de a negociação das cotas se dar somente entre empresas, ela pode ocorrer também entre agentes de diferentes países.

A negociação de MDLs visa controlar a emissão de gases que causam o aquecimento global, dentre eles, o dióxido de carbono (CO_2). Os créditos de carbono funcionam como uma "moeda" de troca e a unidade é a tonelada. Os custos da redução de emissão de cada tonelada de carbono variam de região para região. Por exemplo, nos dias de hoje, no Japão, os custos seriam 450 euros; na Europa, 250 euros e no Brasil, 10 euros.

Em 2005, as transações foram de cerca de R$ 10 bilhões em créditos de carbono, o que corresponde a dez vezes mais do que o valor negociado no ano anterior. As reduções foram feitas, principalmente, nos países em desenvolvimento, e o mercado europeu comprou 75% do total de créditos negociado. Os países que mais venderam MDLs foram a China e a Índia.

Como nos países europeus, as empresas têm metas de redução de emissão a cumprir, só conseguem gerar créditos se reduzirem suas emissões acima do patamar estipulado pelo governo. Já em países como Brasil, Índia e China, em que as empresas e os governos não têm metas de redução a cumprir (ao menos por enquanto), qualquer diminuição de emissão pode se transformar em créditos de carbono. Isso faz com que seja muito mais barato reduzir emissão em países subdesenvolvidos e em desenvolvimento do que nos países desenvolvidos. Além disso, países que, historicamente, sempre tiveram legislações ambientais frouxas e permissivas, levam vantagem. Nesse caso, pode-se dizer que o Brasil está em desvantagem em relação à China, por exemplo, porque seu processo produtivo é menos poluente do que o chinês, sua matriz energética é mais limpa e sua legislação ambiental é mais restritiva.

Resumidamente, para se gerar créditos de carbono, é preciso partir de um determinado processo produtivo e provar que houve redução de emissões de um período para outro. Portanto, quanto mais poluente for a produção inicial, maiores as chances de se conseguir gerar mais créditos de carbono com menor investimento.

Essa é a discussão que ocorre, nos dias de hoje, entre os países desenvolvidos e os em desenvolvimento, como o Brasil, a Índia e a China. Os países desenvolvidos querem que aqueles em desenvolvimento também tenham metas a cumprir, mas estes dizem que, historicamente, os países desenvolvidos emitiram muito mais dióxido de carbono do que eles. Além disso, as emissões *per capita* dos países desenvolvidos são maiores. Eles alegam que os Estados Unidos e outros países estão querendo usar o controle de emissão de dióxido de carbono para brecar o seu crescimento e impedir que sua sociedade alcance os níveis de desenvolvimento adquirido pela população dos países desenvolvidos, perpetuando, assim, sua situação de pobreza e dependência. Cabe lembrar que o Protocolo de Kyoto, que estabelece as metas de emissões de CO_2 por país a serem cumpridas, vence em 2012 e, até agora, não foi substituído por outro documento.

Em 2006, foi fechado um contrato de venda de créditos de carbono entre a Biogás, sócia da Prefeitura de São Paulo na geração de energia nos aterros sanitários São João e

Bandeirantes, e o banco alemão KFW. A empresa responsável pelo fechamento do negócio foi a Econergy. Foi vendido 1 milhão de créditos de carbono, que foram repassados a empresas clientes do banco europeu. Sabe-se que o valor negociado ficou acima de 15 euros por crédito.

As negociações começaram em 2004 e receberam auditoria e aprovação da Organização das Nações Unidas (ONU). Eles negociaram créditos que já tinham sido gerados, por isso o valor ficou acima do de mercado (normalmente, em negócios desse porte, os créditos são negociados antes de sua geração).

Em 26 de setembro de 2007, a Prefeitura de São Paulo colocou à venda mais de 800 mil créditos de carbono, em um leilão na Bolsa de Mercadorias e Futuros (BM&F). Esse foi o primeiro leilão de créditos de carbono realizado no país. O lote foi arrematado pelo banco europeu Fortis Bank NV/AS, por 16,20 euros por tonelada. Foram habilitadas 14 instituições para participar do leilão, com nove delas apresentando lances de oferta. O preço mínimo era de 12,70 euros por tonelada. O total arrecadado foi equivalente a cerca de R$ 34 milhões, e esses recursos, segundo a prefeitura do município, seriam utilizados em recuperação de áreas públicas situadas no entorno do aterro sanitário Bandeirantes e em projetos de melhoria da qualidade de vida da população (Agroanalysis, 2007).

O segundo leilão ocorreu em 25 de setembro de 2008. Foram vendidos 454.343 créditos gerados no Aterro Bandeirantes (de 1/1/2007 a 31/3/2008) e 258.657 créditos gerados no Aterro São João (de 22/5/2007 a 31/3/2008). O lance mínimo do leilão era de 14,20 euros por tonelada e o preço de venda, 19,20 euros por tonelada. Foram arrecadados 13,6 milhões de euros, ou cerca de R$ 37 milhões.

O pedágio urbano como política de redução de congestionamentos em grandes cidades foi implementado, pela primeira vez, em Cingapura, em 1975. No início, o controle dos veículos era feito manualmente pelos policiais. A partir de setembro de 1998, o sistema passou a ser eletrônico, mas não foi utilizado como uma política isolada de redução do trânsito. O pedágio foi utilizado em conjunto com uma série de outras medidas, como o estabelecimento de cotas de veículos por pessoa, na tentativa de deter o avanço da frota, e com uma política de estímulo ao uso de bicicletas.

Entre 1983 e 1985, a cidade de Hong Kong passou a utilizar também o sistema de pedágio, mas, em função de protestos da população local, a medida foi suspensa.

Desde fevereiro de 2003, em Londres, na Inglaterra, para circular em uma área demarcada,[10] no período das 7 às 18 horas, os veículos têm de pagar uma taxa que, inicialmente, era de 5 libras e depois aumentou para 8 libras (o equivalente a cerca de R$ 34,00). Existem câmeras espa-

---

[10] Em fevereiro de 2007, houve uma expansão da área em que vigora o pedágio.

lhadas pela cidade que registram as placas dos veículos. Se a taxa for paga no dia seguinte, o valor muda para 10 libras (Masson, 2008).

Calcula-se que o pedágio urbano londrino reduziu em 60 mil o número de veículos que circula por dia no centro da cidade; aumentou em 20% o número de táxis em circulação e em 30% o de bicicletas e motos. Além disso, os ônibus transportam 20% a mais de passageiros, e houve, também, uma redução de 8% nos acidentes com passageiros feridos.

Em Bergen e Oslo, cidades da Noruega, o sistema de pedágio urbano reduziu em cerca de 10% os congestionamentos nos horários de pico e os valores arrecadados são investidos em projetos de preservação ambiental. Em Dubai, cidade dos Emirados Árabes Unidos, o sistema começou a ser adotado a partir de julho de 2007.

Apesar de não se ter estudos muito detalhados sobre a eficiência da utilização dos pedágios urbanos na redução do trânsito e da poluição do ar, sabe-se que, nas cidades que adotaram a política, houve uma redução de cerca de 10% a 30% nos congestionamentos. Existe até um estudo com a possibilidade de implantação de um sistema semelhante na cidade de Nova York (Masson, 2008).

Um dos primeiros casos de pagamento por serviços ambientais relacionados à preservação de vegetação em área de mananciais é o do município de Extrema, situado em Minas Gerais. O projeto foi intitulado Conservador de Águas e são pagos R$ 176,00/ha por ano (valores de março de 2010) aos pequenos e médios produtores rurais que aderiram ao projeto. Os recursos utilizados são originários das receitas de ICMS do município e, entre 2007 e 2009, foram gastos cerca de R$ 2,2 milhões (Veiga & Gavaldão, 2011).

Em novembro de 1988, o governo da Tailândia proibiu o corte de árvores em todo o território nacional, porque ocorreram inúmeras inundações e quedas de barreiras causadas pelo desmatamento. Pesquisas aéreas, relatadas pelo Departamento Florestal do país, registraram aumento de 54% no desmatamento, de janeiro a maio de 1989, comparado com o mesmo período de 1988. Isso significa que a proibição do corte de madeira surtiu o efeito contrário. Esse fenômeno pode ser, em parte, explicado pelo fato de mais de 1,2 milhão de famílias de sem-terra terem sido assentadas em zonas florestais deterioradas e a pobreza, a falta de crédito e de acesso a tecnologias mais eficientes de exploração da terra acabam levando essas famílias a desmatar e a explorar o solo de forma errônea (Panayotou, 1994).

Até 1985, o governo da Indonésia subsidiava o uso de inseticidas em até 82% do preço de varejo. No final desse ano, 70% da cultura de arroz de Java estava ameaçada pelo uso excessivo de inseticidas. Em novembro de 1986, o presidente Suharto baniu, por decreto, 57 marcas de pesticidas, estabelecendo uma estratégia nacional para o controle de pragas. Três plantações após o decreto, houve uma redução de 90% no uso de pesticidas e aumento da produção média de arroz por hectare de 6,1 toneladas para 7,4 toneladas.[11]

Os governos de alguns países, como o dos Estados Unidos, utilizam acordos voluntários de adesão, com a finalidade de induzir as organizações do setor privado a assumir um compromisso, visando a melhorar a qualidade de algum indicador ambiental. Um exemplo de utilização desse instrumento alternativo de gestão ambiental é o Green Light Program, criado pelo governo federal americano, em 1991. O objetivo principal era promover o uso de energia de forma eficiente, tanto em prédios comerciais como industriais, tentando, também, reduzir a emissão dos gases resultantes da queima de combustíveis fósseis utilizados no processo de geração de energia elétrica, que contribuem para o aumento do aquecimento global. Nesse acordo, a EPA era a responsável pelo fornecimento de suporte técnico e treinamento de pessoal e, em troca, os gestores dos edifícios se comprometiam a atualizar, no mínimo, 90% de suas instalações elétricas num período de cinco anos. Em 1992, esse acordo foi absorvido por outro programa, o *Energy Star*, que passou a fornecer um selo de identificação para os produtos com utilização eficiente de energia (Barbieri, 2007).

Os acordos públicos negociados são utilizados em países como Japão, Alemanha, França e Dinamarca, entre

---

[11] Para mais detalhes, consulte Panayotou (1994).

outros, que tentam implementar políticas ambientais de comando e controle, ou incentivos de mercado, de forma mais flexível, para que as empresas consigam se adaptar. Na maioria das vezes, os acordos são negociados caso a caso, podendo estabelecer metas ambientais diferenciadas, de acordo com o tamanho da empresa, suas condições financeiras, sua capacidade de assimilação de novas tecnologias, etc.[12]

No Brasil, já existem algumas experiências de cobrança pelo uso da água, que, dentro da classificação dos instrumentos de políticas ambientais, se caracteriza como uma taxação ou incentivo de mercado, porque dá flexibilidade ao consumidor, uma vez que ele pode escolher entre utilizar a água e pagar por ela, ou diminuir ao máximo seu consumo, reutilizando-a, por exemplo. Algumas dessas experiências são as da bacia dos rios Piracicaba, Capivari e Jundiaí (PCJ), em volta de Campinas, no estado de São Paulo, e a da bacia do rio Paraíba do Sul. Na primeira, cobra-se R$ 0,01 por metro cúbico de água bruta captada, R$ 0,02 por metro cúbico de água consumida,[13] e R$ 0,10 por quilo de dejetos orgânicos devolvidos à bacia. No rio Paraíba do Sul, a cobrança por quilo de dejeto orgânico é de R$ 0,07 e, pela utilização da

---

[12] Para mais detalhes, consulte Barbieri (2007).
[13] Subentende-se aqui como *água consumida* a água utilizada no processo produtivo que não retorna à bacia; por exemplo, quando se fabricam bebidas ou refrigerantes, parte da água utilizada entra como insumo do bem produzido.

água, varia de acordo com o setor. Por exemplo, os agricultores pagarão R$ 0,0005 por metro cúbico de água; os criadores de peixes, R$ 0,0004; as empresas do setor industrial e da área de saneamento pagarão de R$ 0,008 a R$ 0,028 por metro cúbico, dependendo do consumo e da poluição gerada. Os usuários que captarem menos de um litro por segundo serão isentos de pagamento (*Diário do Vale OnLine*, 2008; Paul, 2008). A arrecadação, em 2008, referente a 347 usuários pagantes das duas bacias, ficou em torno de R$ 27 milhões e o dinheiro arrecadado está sendo utilizado para investimentos em projetos de recuperação dos rios e do meio ambiente em seu entorno.

A Ripasa paga aproximadamente R$ 350 mil por ano pela água do rio Piracicaba utilizada para resfriar sua planta industrial e, também, pela usada como insumo para sua fábrica de papel e celulose. Com a cobrança pela água, a empresa passou a investir em tecnologia para diminuir a quantidade de material orgânico que despeja no rio. Antes da cobrança, ela jogava 1,7 mil kg de dejetos por dia e, hoje, conseguiu reduzir esse resíduo para 400 kg por dia, economizando cerca de R$ 50 mil anualmente (Paul, 2008).

A AmBev conseguiu reduzir em 22% o seu consumo de água ao longo de cinco anos. A Rhodia pagou, em 2008, R$ 827 mil para ter acesso à água do rio Atibaia; mesmo assim, já passou a reutilizar a água, por meio de um circuito fechado, para resfriar seus equipamentos. A água que conseguiu economizar com esse sistema é suficiente para abastecer uma cidade de 500 mil habitantes.[14]

Um outro caso ambiental interessante é o dos pneus. A Resolução Conama nº 258, de 26 de agosto de 1999, determinou que as empresas fabricantes e importadoras de pneus ficam obrigadas a coletar e a dar destinação final aos pneus inservíveis no Brasil, considerando as quantidades fabricadas e/ou importadas. Os prazos e determinações estabelecidos eram:

- de janeiro de 2002 – para cada quatro pneus novos fabricados no país ou importados, as empresas deveriam dar um destino adequado a um pneu;
- de janeiro de 2003 – para cada dois pneus novos, um tem de ser coletado e corretamente destinado;
- de janeiro de 2004 – para cada pneu novo, um com destino adequado, e para cada quatro importados reformados, dar destino a cinco inservíveis;
- de janeiro de 2005 em diante – para cada quatro pneus novos, dar destino correto a cinco inservíveis, e para cada três importados reformados, dar destino correto a quatro inservíveis.

---

[14] Para obter mais informações, consulte Paul (2008).

A partir da vigência dessa Resolução do Conama, as empresas de pneus não podem mais colocá-los em destinos inadequados como aterros sanitários, terrenos baldios, etc. É necessário criar centros de recepção localizados e instalados de acordo com normas ambientais para armazenamento temporário e destino final adequados. Ainda estão sendo feitos estudos, mas presume-se que os materiais resultantes dos pneus usados possam ser utilizados como asfalto, combustível alternativo para a indústria de cimento e olarias, solados de sapatos e tapetes para carros, pisos industriais e borrachas de vedação.

Alguns países desenvolvidos tentam exportar passivos ambientais por meio da indústria de recauchutagem de pneus. Em 1991, segundo a Advocacia Geral da União (AGU), vários decretos e portarias foram publicados para proibir a importação de pneus usados, mas uma série de decisões judiciais permitia a entrada desse produto no país. Uma decisão do Supremo Tribunal de Justiça (STJ), de 12 de março de 2008, proibiu a importação de pneus usados por parte das empresas BS Colway Social e Tal Remoldagem de Pneus Ltda. Para a maioria dos ministros do STJ, os pneus usados potencializam os prováveis danos ao meio ambiente e à saúde pública, porque não podem ser reaproveitados novamente.

Como regra geral, os pneus têm dois ciclos de vida e os usados importados já estão no segundo ciclo, o que significaria um aumento do passivo desse tipo de resíduo ambiental no país. O Brasil venceu uma disputa sobre o assunto contra a União Europeia (UE), na Organização Mundial do Comércio (OMC) e, com isso, foi autorizado a manter o veto ao ingresso desse tipo de pneu.

Uma série de projetos de lei, relacionados a questões ambientais, tramita na Câmara dos Deputados e no Senado, em Brasília e, assim como outras políticas, está sujeita a *lobbies*. Quanto maior o número de agentes econômicos envolvidos, maior a possibilidade de demora na aprovação do projeto-lei ou, caso seja aprovado, maior a chance de ser totalmente reformulado entre sua proposta original e sua aprovação final. Apesar disso, algumas propostas só têm *lobby* a favor. Um exemplo disso é o Programa de Fomento às Energias Renováveis, que visa estimular a fabricação, utilização e comercialização de equipamentos que permitam a exploração de fontes energéticas alternativas, que seria financiado com um fundo formado por *royalties* cobrados da indústria do petróleo. Esse programa tem apoio das empresas que desenvolvem processos de exploração de energia de fontes como biomassa, energia eólica, solar, etc. (Pimenta, 2008). Apesar de, no longo prazo, poder ocupar parte do mercado da indústria do petróleo no Brasil, hoje, esse programa não sofre resistência; primeiro, porque a utilização dessas fontes de energia ainda é insignificante e, segundo, porque a Petrobras também vem se envolvendo com pesquisas nessa área.

De qualquer forma, *lobbies* podem atrapalhar ou favorecer a aprovação de políticas ambientais. Os Estados Unidos são uma referência mundial em termos de grupos de pressão, tanto para defender o meio ambiente (como é o caso de ONG's e advogados defensores das causas ambientais), como em termos contrários (como é o caso da indústria do petróleo no Texas que, com sua política de estímulo ao uso de combustíveis fósseis, é um dos estados que mais têm cidades entre as 20+ do *ranking* de maior poluição do ar nos Estados Unidos).[15]

Apesar de a maior parte da bibliografia que discute instrumentos de políticas ambientais afirmar que a tendência é se utilizar cada vez menos mecanismos de comando e controle e aumentar o uso de incentivos de mercado, podemos observar que, quando a regulação é exercida de forma correta e com um bom monitoramento, como ocorreu no caso do combate à poluição atmosférica na cidade de Cubatão e no controle das emissões de dióxido de enxofre na cidade de São Paulo, os resultados são compensadores.

No caso da introdução de um rodízio de automóveis com o intuito de diminuir a emissão de poluentes atmosféricos, observa-se que, quando esse instrumento é usado por um longo período de tempo, a tendência mais comum é a de os indivíduos comprarem um segundo automóvel, mais velho que o anterior e, portanto, mais poluente. Isso já foi comprovado, como vimos anteriormente, na cidade de Santiago, no

---

[15] Para mais detalhes, consulte Pimenta (2008).

Chile; na Cidade do México, no México e é o que vem ocorrendo nos últimos anos na cidade de São Paulo. Conclui-se que o rodízio pode funcionar numa situação de emergência, mas, quando usado por longos períodos, perde a sua efetividade, principalmente em regiões onde o transporte urbano é deficiente e não é capaz de atender adequadamente toda a população.

O principal problema dos mecanismos de comando e controle é que eles não fornecem alternativas para os agentes envolvidos. Portanto, estes não podem procurar soluções com menores custos, mas há evidências de que quando o problema é localizado e atinge, por exemplo, poucas empresas, os efeitos do uso desses instrumentos são favoráveis. Esses mecanismos pressupõem um acompanhamento constante dos resultados por parte dos representantes do poder público e, em países com problemas de corrupção, os benefícios ambientais podem não ser exatamente os esperados.

Outra crítica que se observa em relação à regulação é que ela não cria estímulos para os agentes poluidores mudarem a tecnologia produtiva e baixarem seus níveis de emissão para patamares inferiores aos definidos pelos padrões ambientais.

Apesar de os incentivos de mercado fornecerem uma maior flexibilidade aos agentes econômicos para enfrentar os problemas relacionados ao meio ambiente, possibilitando que escolham a alternativa que lhes impõe menores custos para atingir as metas ambientais, as aplicações práticas desses instrumentos ainda não possibilitaram a confirmação desse fato. Um exemplo disso é a aplicação de taxas para reduzir as emissões de dióxido de enxofre e óxidos de nitrogênio em termelétricas, cujos resultados positivos só foram alcançados na Suécia. Além disso, há também o caso dos certificados de propriedade para reduzir emissões em alguns países, cujo resultado em termos de redução de custos até hoje é desconhecido.

Em contrapartida, a retirada de subsídios de alguns produtos que causavam efeitos danosos para o meio ambiente tem surtido efeitos, como foi observado no caso dos inseticidas para produção de arroz na Indonésia.

De todos os incentivos de mercado, os que mais apresentam resultados positivos são os sistemas de restituição de depósitos, principalmente quando são utilizados para devolução de embalagens.

Atualmente, tendo em vista a complexidade das questões ambientais, o que se discute é o uso de um pacote de políticas adequadas para resolver cada problema específico, podendo, até, unir políticas de regulação com os instrumentos de mercado. Mas, talvez, a negociação entre os agentes econômicos e os representantes do governo seja, no futuro, a alternativa mais viável para que os órgãos ambientais possam estabelecer políticas realistas, que sejam eficientes em termos de custos e efetivas no sentido de atingir os objetivos ambientais propostos.

ANÁLISE CUSTO-BENEFÍCIO

Alguns problemas ambientais podem ser caracterizados, do ponto de vista econômico, como externalidades negativas. As externalidades são consideradas falhas no sistema de mercado, isto é, os preços dos bens ou serviços não fornecem informações adequadas aos consumidores e produtores.[16] As externalidades ocorrem quando efeitos positivos ou negativos são causados pela ação de um produtor e/ou consumidor e recaem em outros produtores e/ou consumidores, sem que haja pagamento de indenização. Quando a ação de uma das partes gera custos à outra, as externalidades são chamadas de negativas; quando incorre em benefícios, temos as externalidades positivas. O mais importante é entender que uma externalidade é causada pela ação de um agente sobre outro (e não sobre ele mesmo) e que, em termos econômicos, ela ocorre enquanto não há pagamento de indenização ou compensação, seja ela positiva ou negativa.

Verificamos inúmeras externalidades ambientais no nosso dia a dia – a poluição é uma delas. As dificuldades maiores surgem quando temos de decidir como corrigi-las. Nestes casos, as dificuldades surgem porque os direitos de propriedade não estão bem definidos, pois o ar, a água e ou-

---

[16] São efeitos "externos" ao mercado. Para mais informações, consulte Pindyck & Rubinfeld (2006).

tros recursos ambientais são considerados bens de propriedade comum. Praticamente todos os indivíduos têm livre acesso a esses bens (são não excludentes), mas tendem a utilizá-los ou consumi-los em excesso, atrapalhando seu uso por outros indivíduos (são bens parcialmente rivais).

Um exemplo tradicional de um bem de propriedade comum é o de um lago com trutas, onde muitos pescadores têm livre acesso à exploração de seus recursos e nenhum deles leva em conta que a quantidade pescada individualmente pode afetar a disponibilidade de peixes para os demais pescadores. Esse fato acarreta uma ineficiência, ou melhor, a pesca excessiva de trutas, levando ao seu esgotamento. Neste caso, o lago é um recurso não excludente, mas existe alguma rivalidade no seu uso.

Voltemos ao exemplo da poluição. Vamos supor que uma empresa esteja produzindo determinados bens e, durante seu processo produtivo, jogue seus resíduos nas águas de um rio, poluindo-o. A população que necessita utilizar as águas desse rio sofre um dano, ou uma externalidade negativa, mas a quem pertence esse rio? Às pessoas prejudicadas pela poluição? Ao dono da fábrica? Ou a todos os indivíduos dessa sociedade? Esse é o caso de um bem de propriedade comum cujos direitos de propriedade não estão bem definidos e a tendência, caso não haja intervenção governamental impondo alguma política preventiva, é que haja exploração desordenada de seus recursos. Os instrumentos de políticas ambientais vistos anteriormente auxiliam a resolver e prevenir os problemas causados por esses efeitos.

O ar, as florestas e outros bens ou serviços ambientais enquadram-se na mesma situação que a do lago com trutas, uma vez que o mercado não fornece nenhuma indicação de seu valor. Como a utilização desses recursos não implica nenhum custo, eles acabam sendo superexplorados, e o que é melhor para as partes acaba não sendo o melhor para o todo, isto é, o que é melhor para um indivíduo, não é o melhor para a sociedade como um todo. Esse efeito do esgotamento dos bens de propriedade comum é chamado de Tragédia dos Comuns.

De acordo com Oyarzun (1994), se uma pessoa quer se proteger do frio, pode comprar um agasalho, mas se quiser aumentar o seu bem-estar por meio da melhoria da qualidade do ar que respira, não encontrará um mercado para adquirir diretamente esse tipo de bem.

Como esse tipo de recurso não tem um valor de mercado, torna-se importante tentar valorá-lo para que essa informação (o custo que a utilização de um bem ou serviço ambiental representa) esteja disponível durante os processos de decisão que o afetam. A complexidade das relações existentes entre a economia e o meio ambiente resultou no desenvolvimento de técnicas de mensuração dos custos e benefícios ambientais (também chamadas de técnicas de valoração ambiental, que serão tratadas num próximo item).

A análise custo-benefício é uma técnica de aplicação da teoria do bem-estar econômico (Serôa da Motta, 1990), utilizada, principalmente, para auxiliar na escolha do melhor projeto, subentendendo-se aqui como projeto um investimento, a introdução de uma nova *commodity* ou uma mudança política. Em suma, a avaliação econômica de um projeto consiste em organizar um conjunto sistemático de informações para auxiliar na tomada de uma decisão, seja ela pública ou privada (Eatwell *et al.*,1987; Benakouche & Santa Cruz, 1994).

Os projetos podem ser avaliados *ex ante*, tentando antecipar o que vai ocorrer durante a sua implementação, ou *ex post*, com a finalidade de avaliar seus resultados, colaborando para um processo de "aprendizado", principalmente em relação às intervenções governamentais.

Na teoria das finanças públicas, outro ramo da economia, a preocupação inicial era como arrecadar da forma mais eficiente (taxação). Ao longo do tempo, a preocupação passou a ser como gastar da forma mais eficiente, alocando os recursos arrecadados para a provisão de bens públicos. De acordo com Musgrave (1969), a análise custo-benefício surgiu para auxiliar nessa tarefa. Eatwell *et al.* (1987) afirmam que os fundamentos analíticos da análise custo-benefício remontam a um trabalho de Dupuit de 1844, mas, em termos operacionais, ela foi introduzida pela primeira vez no US Food Control Act, de 1936. Nos anos pós-guerra, surgiu considerável literatura sobre programas de desenvolvimento e escolha de projetos. Os principais autores foram Tinbergen, Mirrlees, Little, Marglin, Mishan e Sen, entre outros. Nos Estados Unidos, a partir de 1981, todas as leis do governo federal passaram a ser submetidas a uma análise custo-benefício (Hyman, 1996).

Etapas da análise

A análise custo-benefício envolve basicamente três etapas:
- enumerar todos os custos e benefícios de um projeto;
- valorar esses custos e benefícios;
- trazer os custos e benefícios a um valor presente para que possam ser comparados.

Essa última etapa envolve a escolha de uma taxa social de desconto adequada.

Numa análise custo-benefício, há que se tomar cuidado para não incorrer na dupla contagem. Na enumeração dos benefícios, devem-se considerar somente os aumentos reais de produto e de bem-estar. Por exemplo, se considerarmos um projeto de irrigação de uma área agrícola, teremos como benefícios os aumentos de produção e a valorização da terra. Se ambos os benefícios forem contabilizados, estaremos incorrendo em dupla contagem, já que a valorização da terra reflete o aumento da produtividade da área (Hyman, 1996).

Para que possa haver valoração coerente, uma análise custo-benefício envolve discussões e estudos de profissionais de diversas áreas. O problema surge quando os bens e serviços envolvidos num projeto específico não são transacionados no mercado, como, por exemplo, o caso de bens e serviços ambientais. Neste caso, é necessário utilizar medidas indiretas para fazer a valoração.

Segundo Serôa da Motta (1998, p. 18), considerando uma análise custo-benefício aplicada ao meio ambiente,

> [...] benefícios são aqueles bens e serviços ecológicos cuja conservação acarretará a recuperação ou manutenção destes para a sociedade, impactando positivamente no bem-estar das pessoas. Por outro lado, os custos representam o bem-estar que se deixou de ter em função do desvio dos recursos da economia para políticas ambientais em detrimento de outras atividades econômicas. Os benefícios, assim como os custos, devem ser também definidos segundo quem se apropria ou sofre as consequências destes, isto é, identificar beneficiários e perdedores para apontar as questões equitativas resultantes.

Depois de identificar e enumerar os custos e os benefícios a serem valorados, deve-se contabilizá-los de modo que possam ser comparados, visto que, normalmente, os custos de um projeto ocorrem em períodos curtos e os benefícios, ao longo do tempo. Para que isso ocorra, há que se trazer ambos a valor presente, utilizando uma taxa social de desconto adequada para a região e o período que está sendo analisado. Quanto maior a taxa social de desconto, menor será o valor presente. A escolha da taxa social de desconto interfere no *ranking* dos projetos, portanto, a sua escolha correta é tão importante quanto a mensuração dos custos e benefícios. Se utilizarmos taxas de desconto positivas, estaremos assumindo que uma unidade de determinada moeda no presente assumirá um valor menor no futuro.

Uma taxa social de desconto adequada deve refletir o retorno que poderia ser ganho caso os recursos tivessem sido utilizados em alternativas de uso privado, lembrando-se de que devem ser descontadas as distorções do mercado (impostos, taxas, etc.). Por exemplo, se a taxa anual de juros de um mercado é de 10%, mas são cobrados 20% de impostos sobre esse valor, então, o retorno líquido do capital não será de 10%, mas sim de 8% ao ano. Devido à correção destas distorções, muitas vezes, utilizam-se taxas sociais de desconto menores do que as taxas de juros de mercado. Em países com inflação alta, deve-se considerar também este fator para trazer os valores futuros a valor presente. Alguns autores levam em consideração, também, os riscos do projeto para se chegar a uma taxa social de desconto que eles consideram apropriada (Hyman, 1996; Contador, 1997; Boardman *et al.*, 1996; Johansson, 1993; Dinwiddy & Teal, 1996). Em função de todas essas variáveis a ser consideradas, a taxa social de desconto adequada para ser utilizada em uma análise de projeto de um país pode não ser adequada para outro país.

Mesmo considerando todos esses fatores e tomando os devidos cuidados no cálculo dos custos e dos benefícios, ao trazê-los a valor presente, principalmente no caso de projetos de longa duração, pode-se fazer com que a análise custo-benefício seja feita de forma inadequada, porque, com a velocidade das mudanças que ocorrem nos dias de hoje, fica muito difícil prever exatamente o que acontecerá na economia em períodos longos.

A fórmula utilizada para trazer tanto os custos como os benefícios a valor presente é:

$$VP = \sum_{i=1}^{n} \frac{X_i}{(1+r)^i}$$

na qual:

VP = valor presente

X_i = valor líquido dos custos ou benefícios que ocorrem a cada ano

r = taxa social de desconto

n = número de anos

i = tempo em anos, que varia de 1 a n

Para simplificar, tomaremos como exemplo um projeto que apresente benefícios fixos de R$ 100 milhões por ano, em dez anos. Suponhamos, também, que a taxa social de desconto adequada para esse país ou região seja de 5% ao ano (r = 0,05). Então, teremos:

$$VP = 100/(1+0,05)^{10} = 100/1,6289 = R\$ 61,4 \text{ milhões}$$

Conforme verificamos acima, quando os benefícios desse projeto são trazidos a valor presente passam a ser de, aproximadamente, R$ 61,4 milhões.

Normalmente, para se analisar a viabilidade de um projeto, é feita uma relação custo-benefício (CB):

$$CB = C/B, \text{ onde } C = \text{custos e } B = \text{benefícios, ambos trazidos a valor presente.}$$

Nessa relação, quanto menor o resultado, melhor o projeto. Exemplo: se der 1, significa que os custos e os benefícios trazidos a valor presente são iguais. Se a relação der um número menor que 1, significa que o projeto tem benefícios maiores que os custos. Se der maior que 1, significa que os custos são maiores que os benefícios.

Aproveitando o resultado do exemplo acima, em que os benefícios trazidos a valor presente são de R$ 61,4 milhões, e supondo-se que os custos ocorram todos num período de um ano sem a necessidade de trazer a valor presente e que sejam de R$ 50 milhões, então, teremos uma relação custo-benefício:

$$CB = C/B = 50/61,4 = 0,8143$$

Isso significa que esse projeto tem custos menores que benefícios, mesmo que estes ocorram ao longo de dez anos e os custos ocorram no presente. Trouxemos os benefícios a valor presente para podermos comparar os custos e os benefícios de um mesmo período. Se utilizássemos, para o cálculo dos benefícios a valor presente, uma taxa social de desconto de 8% ($r = 0,08$), em vez de 5%, teríamos agora:

$$VP = 100/(1+0,08)^{10} = 100/2,1589 = R\$\ 46,3\ \text{milhões}$$

Considerando que os custos sejam os mesmos, teremos a seguinte relação custo-benefício:

$$CB = C/B = 50/46,3 = 1,0799$$

Com esse resultado, sabemos que os custos agora são maiores que os benefícios, mas isso não significa, necessariamente, que esse projeto deve ser descartado, uma vez que, junto com a análise quantitativa feita pelos cálculos, deve-se também fazer uma análise qualitativa, levando-se em consideração, por exemplo, quantas pessoas vão ser beneficiadas por esse projeto, qual é a sua faixa de renda, qual é a prioridade do projeto, etc.

Por meio dos cálculos realizados, pode-se perceber também qual a importância da escolha de uma taxa social de desconto adequada. Realizar essa etapa de maneira incorreta pode fazer com que um projeto viável seja rejeitado, ou que um projeto não tão bom assim seja aprovado.

Em grande parte da literatura, o que se observa é o cálculo de relação custo-benefício, mas, em alguns casos, pode-se verificar que é feito um cálculo de relação benefício--custo (BC = B/C). Assim, quanto maior o resultado, melhor o projeto.

Normalmente, a análise custo-benefício é uma ferramenta utilizada para escolher projetos mais eficientes, mas alguns trabalhos tentam considerar seus efeitos na distribuição de renda. Hyman (1996) cita que esta técnica visa a desagregar benefícios e custos de acordo com a classe de renda dos indivíduos favorecidos pelo projeto, considerando pesos maiores para os custos e benefícios que incidem sobre a população de classe de renda mais baixa.

Em relação a essa questão, Drèze (1998) afirma que, quando não são usados pesos distributivos na avaliação de projetos, a análise custo-benefício pode ser sensível em relação à escolha do tipo de numerário. O autor cita o exemplo de um projeto que deve ser realizado para diminuir a poluição. A escolha da implementação desse projeto deve ser feita entre duas cidades: uma pequena, com residentes ricos, e outra grande, com residentes pobres. Se for feita uma valoração contingente[17] com disposição a pagar (DAP),[18] a cidade escolhida será aquela com residentes ricos, uma vez que, em termos agregados, o valor a ser pago pelo projeto será provavelmente maior, já que, para o autor, a disposição a pagar varia de acordo com a renda. Se for feita uma valoração monetária, o valor por unidade de poluição reduzida será o mesmo para todos os indivíduos, portanto, a cidade escolhida será a maior. Para o autor, usando dinheiro como numerário, sempre será favorecido um grupo de pessoas específico.

Outros autores discordam de Drèze (1998). Brekke (1998) diz que apenas uma pequena parcela da disposição a pagar é explicada pelas variações na renda dos indivíduos. Johansson (1998) acha que, apesar dos problemas envolvidos na análise custo-benefício, há meios de contorná-los, visto que a escolha tem de ser feita e, para ele, uma análise apurada de como os benefícios e os custos serão distribuídos entre a população auxilia a pessoa que ficará encarregada de tomar uma decisão.

Para que os projetos sejam analisados de uma forma mais adequada, tem sido feito o que se chama de análise de

---

[17] Técnica de valoração ambiental aplicada por meio de questionários. Veja mais detalhes no item sobre valoração do meio ambiente.
[18] Valor que as pessoas estariam dispostas a pagar para resolver ou minorar determinado problema ambiental.

sensibilidade, que significa valorar cada projeto a várias taxas de desconto (Prest & Turkey, 1965; Contador, 1997; Merrifield, 1997).

Valoração econômica do meio ambiente

De acordo com o conceito de desenvolvimento sustentável, devemos utilizar os recursos sem comprometê-los para as gerações futuras. Como os bens e serviços ambientais são escassos, sempre nos confrontamos com um processo de escolha. A análise custo-benefício, apesar de todos os problemas de mensuração, auxilia nesta etapa.

Segundo Aidt (1998), existe motivação dos agentes econômicos para influenciar no processo de escolha dos instrumentos de políticas ambientais a ser implementados, uma vez que uma das consequências dessa escolha é a alteração da distribuição da renda. Em algumas situações, pode haver uma colisão entre os interesses corporativos e os sociais. Esses casos são os mais difíceis de ser solucionados. Podemos utilizar como exemplo o rodízio de automóveis implementado no México, em 1989, com a finalidade de diminuir a poluição do ar, no qual muitas pessoas, para contornar o problema causado pela política ambiental, compraram carros mais velhos e com maior emissão de poluentes. O mesmo tipo de reação ocorreu na cidade de São Paulo, onde o rodízio de automóveis foi instituído com a finalidade de diminuir os congestionamentos (*The Economist*, 1999).

Normalmente, quando os indivíduos são banidos de alguma coisa, eles têm uma tendência maior de tentar contornar a situação e burlar as regras. A grande dificuldade se encontra em conciliar os diferentes interesses e pontos de vista envolvidos. Segundo o *The Economist* (1999, p. 26),

> [...] é difícil comparar os benefícios sociais da proteção ambiental com o custo dessa proteção; difícil julgar a melhor forma de os governos intervirem; difícil ter certeza, em alguns casos, até mesmo dos fatos, tais como a taxa de perda de espécies ou de desmatamento, e muito menos de como interpretá-los.

O processo decisório se torna mais fácil quando tratamos com bens e serviços privados do que quando esse processo envolve bens e serviços ambientais. Neste último caso, as relações são muito mais complexas. Para se fazer comparações entre os custos e os benefícios de bens cujo preço não é determinado pelo mercado, temos antes que estabelecer-lhes um valor. Foi com essa finalidade que a economia desenvolveu técnicas de valoração do meio ambiente, que nada mais são do que a aplicação das técnicas da análise custo-benefício às questões relacionadas com o meio ambiente.

O valor econômico total de um bem ou serviço ambiental (VET) pode ser decomposto em valor de uso (VU) e valor de não uso (VNU).

$$VET = VU + VNU \text{ (equação 1)}$$

O valor de uso (VU) agrega o valor de uso direto (VUD), valor de uso indireto (VUI) e o valor de opção (VO). O valor de não uso (VNU) consiste no valor de existência (VE). Portanto,

$$VET = VUD + VUI + VO + VE \text{ (equação 2)}$$

Para explicarmos o que significa cada um dos componentes do valor econômico total (VET), tomaremos como exemplo uma floresta. O seu valor de uso direto (VUD) é representado pelos benefícios referentes à extração de seus recursos (sementes, frutos, minérios, etc.), aos benefícios diretos que os indivíduos podem obter com sua visitação ou em relação a alguma outra atividade de produção ou consumo direto. O valor de uso indireto (VUI) corresponde às funções ecológicas da floresta, como colaboração para a estabilidade climática, manutenção da biodiversidade, proteção do solo, etc. No valor de opção (VO), mensura-se qual é o preço que os indivíduos atribuem à floresta para que seja preservada e o seu uso futuro seja garantido direta ou indiretamente. As pessoas atribuem um valor à floresta pensando na sua conservação e nos produtos que poderão ser extraídos futuramente, como alguns remédios que ainda não foram descobertos para doenças atualmente incuráveis. Na realidade, as pessoas não têm certeza se novos produtos poderão ser extraídos daquela floresta, mas elas resolvem preservá-la para não correr riscos futuros de destruir alguma coisa importante. O valor de existência (VE) está relacionado a questões éticas, morais, culturais ou altruísticas de preservação. Os indivíduos não escolhem preservar a floresta porque vão utilizar seus produtos direta ou indiretamente (VUD e VUI) ou pretendem visitá-la, por exemplo, no futuro (VO), mas simplesmente porque acham que é importante mantê-la e não querem ser responsabilizados no futuro por sua destruição (Pearce, 1993; Serôa da Motta, 1998 e 2006; Maia *et al.*, 2004).

O valor econômico total (VET) de um recurso ambiental inclui seu valor de uso direto (VUD), valor de uso indireto (VUI), valor de opção (VO) e valor de existência (VE), mas, algumas vezes, a utilização de um recurso para uma determinada finalidade exclui seu uso para outra. Por exemplo, se parte da floresta for utilizada para atividade agrícola, a maior parte da vegetação nativa naquela área terá de ser retirada, a menos que se utilizem técnicas de manejo que preservem a cobertura vegetal. Cabe aos pesquisadores que farão a valoração econômica do meio ambiente verificar quais são os conflitos de uso do bem ou serviço ambiental e, posteriormente, utilizar as técnicas que mais se adaptem à valoração.

A seguir, serão apresentados os métodos que podem ser utilizados para realizar uma valoração ambiental. A valoração contingente é a única técnica disponível que pode, dependendo de como é utilizada, captar todos os tipos de valor.

As outras técnicas são complementares umas às outras e devem ser escolhidas de acordo com o objeto de estudo e os efeitos que se deseja valorar. Todos os métodos possíveis de ser utilizados apresentam limitações metodológicas e em relação à disponibilidade de dados.

Cabe ainda salientar que alguns autores consideram o valor econômico total (VET) de forma diferenciada da descrita nas equações (1) e (2). Um exemplo é o caso de Oyarzun (1994), que inclui o valor de opção (VO) dentro do valor de não uso (VNU), juntamente com o valor de existência (VE). Já Nogueira & Medeiros (1997) consideram ainda outro tipo de valor, o de quase opção (VQO), que consiste no benefício de reter um recurso ambiental para que haja a possibilidade de seu uso futuro, partindo da hipótese de que haverá um aumento do conhecimento científico, técnico, econômico e social em relação a esse recurso.

Métodos de valoração do meio ambiente

Os métodos de valoração ambiental são divididos em métodos da função de produção e métodos da função de demanda.

Métodos da função de produção

Os métodos da função de produção incluem métodos de produtividade marginal, de mercados de bens substitutos (custo de reposição, gastos defensivos ou custos evitados e custos de controle) e de custo de oportunidade.

Método da produtividade marginal

Essa técnica capta somente o valor de uso direto (VUD) e o valor de uso indireto (VUI). Com esse método, é possível estabelecer uma relação entre determinada função de produção e a alteração de um bem ou serviço ambiental. Para isso, é preciso conhecer a correlação existente entre estes, construindo uma função de dano ambiental ou função dose-resposta. Esta função relaciona o dano de um bem ou serviço ambiental e o efeito deste dano sobre a produção de determinado bem ou sobre os seres vivos. Por exemplo, se há poluição do ar, quais seriam os efeitos dessa poluição para a saúde das pessoas? Uma função dose-resposta pode estimar esses efeitos.

Existem dificuldades para a utilização dessa técnica, devido à escassez de dados e à falta de maior conhecimento científico sobre a complexidade das relações que envolvem os problemas ambientais e seus efeitos. Se já existe uma função dose-resposta, torna-se fácil usá-la; mas se ela tem de ser estimada, necessita da manipulação de longas séries de dados, o que acaba sendo custoso. Além disso, ela é específica para determinada região, pois estabelece relações entre causas e efeitos, e estas relações mudam de acordo com fatores como localização geográfica, período analisado, resiliência do meio (capacidade de absorção e dispersão dos poluentes), etc.

Métodos de mercado de bens substitutos

Quando o bem ou serviço ambiental é um substituto de um bem privado, pode-se estimar o seu valor pelo preço de mercado do bem privado. Esta determinação indireta do valor econômico é também chamada de preço-sombra de um bem ou serviço ambiental.

Serôa da Motta (1998) coloca como exemplo o caso da poluição da água das praias, que prejudica a recreação. As pessoas podem substituir esta forma de lazer gratuita pela maior utilização de piscinas ou outras formas de compensação.

As três técnicas de valoração baseadas em mercados de bens substitutos são apresentadas a seguir.

Custo de reposição

É o método em que há mensuração dos gastos para tentar recuperar ou substituir a quantidade de bens e serviços anterior, cuja alteração de provisão foi causada pela deterioração de bens e serviços ambientais. É o caso dos gastos com construção de piscinas públicas para oferecer alternativas à população, devido à poluição das praias, ou os custos com fertilizantes para recuperar a produtividade de solos degradados.

Gastos defensivos ou custos evitados

Representa os gastos para se defender dos efeitos causados pela degradação do meio ambiente, ou os custos que seriam evitados caso não houvesse determinado problema ambiental. Por exemplo, os gastos com medicamentos para amenizar os efeitos de doenças causadas por poluição do ar, ou os gastos com água tratada para substituir a água fornecida, originária de mananciais poluídos.

Custos de controle

São os gastos necessários para evitar a deterioração dos bens e serviços ambientais, como os custos com coleta, disposição e tratamento adequado do lixo urbano para que se evite a disseminação de doenças, a contaminação de lençóis freáticos e do solo, ou gastos com diminuição de congestionamentos e outras medidas que visem a redução da poluição do ar.

Custo de oportunidade

Mensura os custos incorridos por uma escolha em detrimento de outra, ou melhor, o método estima a renda sacrificada com determinadas atividades econômicas para que possa haver preservação ambiental. É o caso de áreas que deixam de ter produção agropecuária para que sejam transformadas em reservas biológicas ou parques nacionais, por exemplo.

Os métodos de mercado de bens substitutos supõem a existência de substituição perfeita entre os bens, mas, na maioria das vezes, isso não ocorre. Não é correto afirmar que o uso de medicamentos vai reestabelecer totalmente o bem-estar de um indivíduo que sofra com doenças causadas por poluição do ar, ou que o uso de uma piscina terá o mesmo efeito que a recreação em praias não poluídas.

Pelo método de produtividade marginal, é possível captar o valor de uso direto (VUD) e indireto (VUI) de um bem ou serviço ambiental, enquanto as técnicas de mercados de bens substitutos, quando incorrem em substituição perfeita, conseguem, às vezes, estimar também o valor de opção (VO), mas não o valor de existência (VE). O método de custo de oportunidade não valora o bem ou serviço ambiental. É uma técnica utilizada para dar uma noção do benefício econômico que deixou de ser obtido para que possa haver preservação.

Como esses métodos são baseados em mensuração de preços determinados pelo mercado, são bastante utilizados. E mesmo que, na maior parte das vezes, não captem o valor de opção (VO) e não consigam mensurar o valor de existência (VE), este fato não restringe seu uso, visto que, mesmo sem esses valores, torna-se possível fazer escolhas e tomar decisões de investimentos (Pearce, 1993; Serôa da Motta, 1998).

As funções dose-resposta necessitam que relações corretas sejam estabelecidas entre a degradação do meio ambiente (dose) e seus impactos (resposta), valorando o impacto final pelo mercado ou pelo preço-sombra. O grande problema desse método é que necessita que o pesquisador tenha conhecimentos específicos sobre o assunto a ser tratado e manipule longas séries de dados. Isso torna o método de produtividade marginal extremamente trabalhoso, pois essas informações têm de ser coletadas em diversos locais, tornando custoso o processo. Afora esses fatores, as relações entre a degradação do meio e seus impactos ainda não são bem conhecidas, portanto, mesmo que haja um grande esforço por parte do pesquisador, a função dose-resposta estimada pode não reproduzir exatamente o que ocorre no meio. Além disso, esse tipo de função é específico e deve ser novamente estimado cada vez que tiver de ser utilizado para regiões com condições geográficas ou climáticas diferentes. Devido a todos esses problemas, dos métodos de valoração pela função de produção, o método de produtividade marginal é o menos utilizado.

Métodos da função de demanda

Esses métodos assumem que as alterações na quantidade e qualidade de um bem ou recurso ambiental modificam o bem-estar dos indivíduos. Mede-se a disposição a pagar (DAP) e a aceitar (DAA) das pessoas que sofrem os efeitos dessas mudanças, de acordo com a definição dos direitos de propriedade.

Estão inseridos nos métodos de função de demanda a determinação de preços hedônicos e custo viagem (métodos de mercado de bens complementares) e a valoração contingente.

Métodos de mercado de bens complementares

Nesses métodos, utiliza-se o preço de mercado de bens e serviços privados complementares para atribuir valor a bens e serviços ambientais. Afirma-se que dois bens são perfeitamente complementares quando ambos guardam proporções constantes de consumo entre si. Se isso for verdade, é possível utilizar informações de um bem para estimar dados do outro. A seguir, apresentamos, com maiores detalhes, cada uma das técnicas incluídas nesses métodos.

Preços hedônicos ou implícitos

Esse método está, geralmente, relacionado a preços de propriedades. Parte-se do princípio de que propriedades localizadas em regiões diversas estarão sujeitas a condições ambientais diferentes (qualidade da água, poluição do ar, proximidade de áreas verdes, etc.). As pessoas atribuem um valor para cada uma dessas condições pelas diferenças de preços entre as propriedades. Para identificar esse valor, devem-se comparar preços de propriedades idênticas com disponibilidade de bens e recursos ambientais diferentes; mas, para que isso seja feito corretamente, deve-se estimar uma função, determinando quais as diferenças de preços causadas por variáveis, como renda, grau de criminalidade, oferta de meios de transporte e outros fatores (Cornes & Sandler, 1996; Serôa da Motta, 1998).

Pelos preços implícitos, consegue-se valorar mudanças no grau de mortalidade e morbidade, causadas por riscos ambientais, considerando o adicional de insalubridade dos salários (Pearce, 1993). Esse tipo de valoração consegue captar o valor de uso direto (VUD), o valor de uso indireto (VUI) e o valor de opção (VO).

A determinação dos preços hedônicos, por meio do valor de propriedades, requer um trabalho intensivo em termos de coleta de dados, que incluem desde variáveis socioeconômicas como renda, educação, criminalidade, até fatores técnicos como tamanho das propriedades, qualidade do ar e da água, etc.

Serôa da Motta (1998) sugere que a análise seja feita utilizando-se o preço de aluguéis e não o valor das propriedades, para evitar que se faça uso de preços subestimados, uma vez que parte das pessoas não declara o valor real do imóvel por razões fiscais. Além disso, o autor afirma que, às vezes, o preço de venda da propriedade já incorpora melhorias futuras e, ao utilizar o valor dos aluguéis, esse tipo de problema seria evitado.

Custo viagem

Nesse caso, parte-se do pressuposto de que o custo de se deslocar até o local (custo viagem) é igual ao custo de visitação de determinado sítio natural. Quanto maior for a distância a ser percorrida, maior será o custo e menor o número de visitas.

É preciso relacionar o custo de deslocamento e tempo de estadia com outras variáveis como renda, educação, etc., para poder determinar o grau de importância e o benefício gerado por aquele local, estimando por vias indiretas quanto ele vale. Normalmente, todos esses dados são obtidos com a aplicação de questionário para uma amostra de visitantes da região.

De acordo com Cornes & Sandler (1996, p. 518),

> [...] a existência de locais que substituem ou quase substituem (que têm pacotes de características semelhantes) também deve ser reconhecida quando se utiliza o método de custo viagem para estimar a demanda para um local específico [...].

No custo viagem estão incluídos os gastos com deslocamento e também o valor cobrado para entrar no local, portanto, definindo-se uma função com todas essas variáveis, torna-se possível estimar, por exemplo, qual será o número de visitantes de um parque nacional, caso o preço da entrada tenha uma variação X. Como são aplicados questionários somente para os visitantes do local, é possível contabilizar apenas o seu valor de uso direto (VUD) e valor de uso indireto (VUI).

Cabe lembrar que, dependendo do meio de transporte utilizado, os custos de viagem irão variar. O mesmo ocorre com o tempo gasto no percurso. Além disso, a pessoa pode aproveitar a viagem e visitar vários locais ao mesmo tempo (Serôa da Motta, 1998).

Valoração contingente

Essa técnica é desenvolvida pela aplicação de questionários para uma amostra da população que está sendo afetada ou não pelos danos ou benefícios causados por determinado bem ou serviço ambiental.

Segundo Cornes & Sandler (1996), esse método visa a construir um mercado hipotético para bens públicos e é extremamente útil para designar um preço a bens e serviços que não têm como ser valorados pelo mercado. Um exemplo citado pelos autores é o de uma paisagem, cuja visibilidade está sendo prejudicada pela poluição do ar.

Krupnick (1992, p. 36) afirma que a valoração contingente oferece uma série de vantagens, dentre elas:

> Primeiramente, questionários podem ser elaborados de modo que se obtenha a Disposição a Pagar (DAP) por desejadas mudanças futuras, seus riscos e efeitos. Em segundo lugar, o bem a ser valorado pode ser especificado para combinar com outras informações disponíveis para o analista, como a obtida por uma função dose-resposta. Em terceiro, o questionário pode ser aplicado a uma amostra apropriada para a valoração do bem, uma amostra representativa da população em geral ou para um grupo específico como o de idosos.

Para aplicar corretamente essa técnica, os questionários têm de solicitar dados gerais dos entrevistados como renda, nível de escolaridade, etc., mas também perguntar o quanto as pessoas estariam dispostas a pagar para que haja a solução do problema ambiental em pauta, ou quanto estariam dispostas a receber como indenização pelos danos causados.

A escolha entre perguntas de disposição a pagar (DAP) e a aceitar (DAA) depende da definição dos direitos de propriedade. Se partirmos do pressuposto de que os direitos de propriedade são dos indivíduos que estão sendo atingidos por determinado problema ambiental, e que seriam o governo ou outros agentes envolvidos que teriam de indenizá-los, então, o questionário deverá incluir uma questão sobre a sua disposição a aceitar (DAA). Porém, se a hipótese for de que a posse dos direitos de propriedade não pertence às pessoas atingidas, mas sim ao governo, que receberia um determinado valor da população e se encarregaria de resolver ou amenizar o problema, a pergunta a ser incluída deve ser a da disposição a pagar (DAP). Os resultados empíricos apontam que, normalmente, a disposição a aceitar (DAA) atinge valores maiores do que a disposição a pagar (DAP).

Esse é o único método que capta o valor de uso direto (VUD), valor de uso indireto (VUI), valor de opção (VO) e valor de existência (VE) de um bem ou serviço ambiental, mas para que isso ocorra as perguntas têm de ser elaboradas de forma adequada.

O maior problema que ocorre com a aplicação dos questionários é que, em grande parte das vezes, os entrevistados desconhecem todos os custos gerados pela deterioração dos ativos naturais ou os benefícios que teriam com a preservação de determinada área.

Serôa da Motta (1998) aconselha que, antes de iniciar o questionário, se esclareça resumidamente do que trata a pesquisa e sua importância. As perguntas devem ser elaboradas de forma que induzam os indivíduos a perceber como o bem ou serviço ambiental que está sendo valorado o afeta positiva ou negativamente. Alguns pesquisadores elaboram filmes ou se utilizam de fotos para auxiliar no esclarecimento das pessoas envolvidas.

Para que se tenha certeza de que o questionário está claro, a bibliografia recomenda que uma pesquisa piloto seja realizada com um pequeno número de pessoas, para testar as perguntas.

Após definir o objeto de estudo, será escolhida a análise de disposição a pagar (DAP) ou a aceitar (DAA), a amostra na qual será aplicado o questionário e o tipo de pagamento[19] ou indenização que será utilizado. Deve-se decidir como será abordada a questão do valor. Existem algumas opções:

- **Lances livres ou forma aberta:** se a escolha for essa, inclui-se uma única questão de quanto a pessoa estaria disposta a pagar ou a receber, e o valor do bem ou serviço ambiental é estimado pela média dos valores obtidos. Esse tipo de procedimento vem sendo substituído por cartões com diferentes valores, em que o entrevistado escolhe o que mais lhe convém, ou os jogos de leilão (*bidding games*),

---

[19] Por meio de impostos, taxas e tarifas mensais ou anuais, doações, cobrança direta pelo uso, etc.

nos quais se determina um valor inicial que vai sendo alterado até ser aceito pelo entrevistado.
- **Referendo (escolha dicotômica):** pergunta-se ao indivíduo se ele está disposto a pagar ou a receber um valor X e esse valor é alterado ao longo da amostra.
- **Referendo com acompanhamento:** é feita a pergunta: "Você estaria disposto a pagar (ou a receber) um valor X?". Se a pessoa disser que não, ela é questionada se estaria disposta a pagar (ou a receber) metade de X. Se a resposta inicial for sim, será perguntado se ela concorda com o valor 2X, e assim por diante, até se achar o valor limite estabelecido pelo entrevistado.

Podem ser feitas entrevistas pessoais, pelo correio ou por telefone, mas as primeiras são mais recomendadas, apesar dos custos e da necessidade de treinamento do pessoal envolvido.

As respostas dos entrevistados dependem de fatores como renda, educação e outras variáveis socioeconômicas que têm de ser consideradas na estimação dos valores.

Segundo Serôa da Motta (1998), quando os entrevistados conhecem bem o objeto de estudo e falam a verdade, a valoração contingente é o método ideal a ser utilizado. A diferença básica desse método em relação aos outros de função de demanda (preços hedônicos e custo viagem) é que ele consiste numa valoração *ex ante*, isto é, revela-se a intenção de pagamento ou recebimento, enquanto, nos outros casos, a valoração é feita *ex post*, porque reflete números de uma situação que já ocorreu.

Críticas à valoração econômica do meio ambiente

Söderbaum (1987)[20] critica a visão econômica neoclássica, que trata as questões ambientais do ponto de vista das externalidades, do nível ótimo de poluição, do preço-sombra, da disposição a pagar e de outros elementos da análise custo-benefício, cuja ênfase é no mercado e nos preços. Para ele, essa visão é extremamente simplista, pois deveria incorporar outros fatores como a questão das instituições, da multidisciplinaridade, etc. Segundo o autor, o estudo do meio ambiente tem de levar em consideração as seguintes características:

- os problemas são multidimensionais e multidisciplinares, em vez de ter somente uma dimensão ou ser limitados a uma única área de pesquisa;
- inclui bens e serviços monetários e não monetários;
- qualquer deterioração de recursos não monetários como o bem-estar humano, as relações sociais, ecossistemas, etc., leva geralmente a danos irrever-

---

[20] Autor institucionalista.

- síveis ou difíceis de serem revertidos, por exemplo, a extinção de uma espécie;
- os recursos não monetários são frequentemente únicos ou raros;
- os problemas são multissetoriais, não abrangem apenas um setor da sociedade ou da economia;
- estas questões não envolvem somente os atores diretamente relacionados às transações de mercado, mas também, para identificar os atores envolvidos, é preciso definir outros fatores como, por exemplo, de quem são os direitos de propriedade;
- os problemas ambientais normalmente abrangem uma vasta expansão territorial, que extrapola fronteiras de municípios, estados ou até mesmo países;
- uma grande parte dos problemas envolve incerteza e riscos; e
- as discussões sobre questões ambientais englobam conflitos de interesses e ideologias na sociedade.

Para Söderbaum (1987), o ideal seria que a análise de um problema ambiental pudesse contar com a cooperação de pesquisadores de diversas áreas, ao contrário do que normalmente fazem os economistas, que elaboram trabalhos isolados. Ainda de acordo com o autor, a multidisciplinaridade auxilia no suporte de conhecimento científico e informações, necessários para uma análise mais adequada dos complexos efeitos relacionados com a degradação ambiental.

Segundo o jornal *The Economist* (1998), a valoração econômica do meio ambiente envolve sérios problemas, porque alguns recursos naturais, como o ouro, têm valor de mercado, mas outros não, por exemplo, uma paisagem. Além disso, os métodos de valoração dos benefícios de controle da degradação do meio ambiente são controvertidos. A ONU sugere que sejam contabilizados os custos de recuperação dos danos, mas alguns tipos de prejuízos, como os relacionados à extinção de uma espécie, não têm como ser valorados. Para os economistas, o que importa é o valor marginal, o custo ou benefício de uma unidade a mais. Mas esse tipo de valoração cria um problema: fica claro que o valor da destruição de uma espécie, por exemplo, de besouros, é alto. No entanto, qual será o valor da destruição de algumas centenas de percevejos? A valoração também envolve outros problemas técnicos: a mesma quantidade de poluição pode ter efeitos diferentes em locais diferentes. Por exemplo, a emissão da mesma quantidade de monóxido de carbono terá efeitos distintos em uma grande cidade e em uma zona rural, pois a quantidade de pessoas afetadas irá diferir, assim como a capacidade de dispersão dessa substância.

Stirling (1993, p. 97) afirma que:

> A complexidade dos fenômenos ambientais não pode ser expressa por meio de um índice numérico único, nem as diferentes perspectivas disponíveis entre analistas, formuladores de políticas e público em geral podem ser conciliadas em uma única estrutura de preferências. A adoção da simples avaliação

> monetária pode terminar por remover aspectos-chave da tomada de decisões sobre questões ambientais da esfera do debate público e colocá-las nas mãos de uma pequena comunidade de tecnocratas.

Para Portney (1989), não existem dúvidas de que a análise custo-benefício auxilia a tomada de decisões, mas o autor admite que existem efeitos que não têm como ser valorados. Segundo ele, fatores como considerações políticas, preocupações éticas, etc., são de difícil introdução em uma análise custo-benefício, mas têm de ser levados em consideração na elaboração de políticas ambientais.

Ekins *et al.* (1992) aconselha que a análise custo-benefício seja apenas usada como um guia auxiliar na tomada de decisões, e não como análise principal, já que a valoração de bens e serviços ambientais envolve incertezas nos aspectos econômicos e técnicos, devido à complexidade relacionada aos problemas do meio ambiente.

A crítica de Mishan (1976) se dá em relação ao estabelecimento de níveis máximos de tolerância ou padrões de poluição, originários de trabalhos de engenharia social. Segundo o autor, a doutrina liberal rejeita esses métodos, porque o limite superior do grau tolerável de, por exemplo, ruído, pode ser escolhido em função dos conhecimentos técnicos atuais, determinando patamares que evitem danos sobre as pessoas ou as propriedades. Mas, mesmo assim, esses valores variam de pessoa para pessoa.

Para ele (Mishan, 1976, p. 158),

> [...] se o economista liberal rejeita normas de engenharia social, como o nível de tolerância, isso não ocorre apenas porque é necessariamente arbitrária a escolha de tal nível para a sociedade, mas porque a adoção dessas normas em nome de todos os membros da sociedade contraria a doutrina de que cada indivíduo é o melhor juiz de seus interesses, em especial em assuntos que o afetam intimamente.

Apesar de todas as críticas à análise custo-benefício, Norgaard (1997, p. 84) afirma que:

> Incluindo benefícios e custos ambientais na análise de projetos, poderemos escolher entre tecnologias apropriadas e inadequadas. Existe uma certa preocupação quanto à adequação das abordagens da valoração ambiental, porém, quase todos aceitam sua inevitabilidade. A partir de uma perspectiva utilitarista, cada escolha que fazemos implica valores. Desse modo, tanto os economistas ambientais neoclássicos quanto os economistas ecológicos estão encontrando bases comuns em seus esforços para desenvolver métodos de valoração ambiental.

Casos de aplicação de valoração

A seguir, apresentamos alguns casos de aplicação de valoração ambiental.

Conservação da biodiversidade no Quênia[21]

Esse estudo foi elaborado para tentar analisar as implicações, para o governo queniano, da preservação de 10% de seu

---

[21] Serôa da Motta (1998).

território na forma de parques nacionais, reservas e áreas florestais demarcadas. Ele compara os benefícios da conservação da biodiversidade nessas áreas com os custos dessa conservação. Mede os custos pelo método de valoração ambiental chamado custo de oportunidade,[22] isto é, calcula o que se deixa de ganhar com a exploração econômica da área por meio da agricultura, da pecuária e dos assentamentos. Cabe ressaltar que, para países em desenvolvimento ou subdesenvolvidos, abrir mão de parte de seu território para preservação ambiental, muitas vezes, significa restrições ao seu crescimento econômico.

> VALORES ANUAIS EM MILHÕES DE US$
> Benefícios de uso direto para o Quênia:
> - US$ 27 milhões em turismo
> - US$ 15 milhões em silvicultura
> TOTAL: US$ 42 milhões
> Custo de oportunidade da possibilidade de uso das terras preservadas:
> - US$ 203 milhões
> DIFERENÇA: US$ 161 milhões. Corresponde ao subsídio anual do governo do Quênia para garantir a preservação da biodiversidade na área, o que é equivalente a 2,2% de seu PIB.[23]

---

[22] Técnica da função de produção que consegue medir o VUD e VUI, mas que, neste caso, só estará medindo o VUD.
[23] Produto Interno Bruto.

O país enfatiza a necessidade de transferência de renda do resto do mundo para a região, de forma a garantir a manutenção das áreas conservadas e os benefícios globais gerados por elas.

Recursos florestais na Amazônia peruana
(Floresta de Mishana)[24]

A exploração sustentável da floresta implica o manejo da extração de madeira em ciclos de 20 anos (no máximo 30 m^3/ha) e a coleta anual de frutas e látex.

Receitas anuais líquidas por hectare (ha):

- frutas: US$ 400
- látex: US$ 22
- madeira (cada ciclo de corte): US$ 310

Valor presente líquido (VPL) perpétuo (taxa social de desconto de 5%) – US$ 6.820/ha.

A maioria dos estudos econômicos de valoração de florestas só considera os recursos madeireiros, mas, nesta região, os recursos não madeireiros representam mais de 90% desse valor, e poderiam aumentar mais se fosse possível mensurar as receitas geradas pela venda de plantas medicinais, cipós e pequenas palmas.

Se a área de floresta fosse utilizada para produção de madeira e celulose, os retornos a valor presente, utilizando a mesma

---

[24] Serôa da Motta (1998)

taxa social de desconto, seriam de US$ 3.184/ha. Se a área fosse utilizada para pecuária de confinamento, os retornos seriam de US$ 148/ha por ano e a valor presente seria de US$ 2.960.

Parque Público de Lumpinee, em Bangcoc (Tailândia)[25]

Esse é um parque urbano, e existem constantes pressões para a utilização de sua área para outras atividades, em função do aumento no preço dos terrenos na cidade. Foi realizada uma valoração do parque com o intuito de verificar que importância ele tem para a população da região, de forma que seja considerada sua preservação. Calculou-se o valor de uso pelo método de custo viagem e o valor de opção pelo método de valoração contingente. Os resultados obtidos foram:

- valor de uso por método de custo viagem (uso para recreação e exercício físico): US$ 660 milhões/ano.
- valor de opção por método de valoração contingente (foram entrevistadas pessoas que não usam atualmente o parque, mas que gostariam de fazê-lo no futuro): US$ 5,18 bilhões/ano.
- "valor social" do parque (soma dos dois valores acima): US$ 5,84 bilhões/ano.

O valor total obtido é extremamente alto. O recomendável, nesse caso, seria refazer a valoração pelos mesmos mé-

---

[25] Serôa da Motta (1998).

todos para verificar se os valores conferem com os obtidos anteriormente.

Florestas tropicais em Madagascar[26]

Esse estudo foi feito para decidir se o parque iria ser criado ou não. O Banco Mundial visava adequar diferentes métodos de valoração ambiental à análise econômica de projetos de conservação. Os cálculos realizados foram:

Valor das atividades agrícolas e florestais (anual)

Arroz US$ 44.928
Lenha US$ 13.289
Camarão (água doce) US$ 220
Caranguejo US$ 402
Rã US$ 71

Impacto para as comunidades locais, que seriam retiradas da região:
Valor médio das perdas de US$ 91 por família/ano
Taxa de desconto de 10%
Período: 20 anos

Valor presente líquido do custo de oportunidade agregado, por causa da implantação do parque (para todas as famílias): US$ 566 mil.[27]

---

[26] Para obter mais informações sobre esse caso, consultar Serôa da Motta (1998).
[27] Nesse estudo, foram utilizados também outros métodos de valoração, mas não serão aqui analisados.

Pantanal[28]

O pesquisador André Steffens Moraes defendeu uma tese de doutorado na Universidade Federal de Pernambuco na qual ele valora o bioma Pantanal. O que ele tenta calcular é o quanto a sociedade perde quando se desmata o solo da região. Segundo seus cálculos, um hectare preservado de área da região pantaneira vale entre US$ 8.100 e US$ 17.500 por ano. Em seus cálculos, Moraes considera não só os valores de uso direto (VUD) da área, como a madeira que pode ser extraída, os recursos não madeireiros e o ecoturismo, como também os valores de uso indireto (VUI), como o controle da erosão, a perda de oferta de água quando a vegetação tomba, etc.

Pela exploração da pecuária extensiva, o ganho dos pecuaristas é de US$ 12,50 por hectare anual. De acordo com a contabilização de Moraes, o valor total do bioma Pantanal é de cerca de US$ 112 bilhões anuais, e o que se ganha com sua devastação é um valor da ordem de aproximadamente US$ 414 milhões anuais.

---

[28] Angelo (2008).

INDICADORES DE SUSTENTABILIDADE

Como vimos anteriormente, não existe um consenso em torno do conceito de desenvolvimento sustentável. Os indicadores de sustentabilidade são ferramentas utilizadas para medi-lo. Então, como desenvolver essas ferramentas e utilizá-las para mensurar sustentabilidade com tantas discordâncias em torno da sua definição? Este é um problema que temos de enfrentar quando nos defrontamos com essa questão, mas de qualquer forma, em última análise, os indicadores são úteis para compararmos se a situação de um país, região ou empresa melhorou ou piorou ao longo de um determinado período.

Num primeiro momento, temos de discutir o que são indicadores, em termos gerais, e para que servem. De acordo com Bellen (2007), o termo indicador é originário da palavra *indicare*, do latim, e seu significado é descobrir, apontar, anunciar ou estimar. Os indicadores podem ser utilizados para demonstrar que uma determinada meta foi atingida ou não, mostrar uma tendência, resumir informações relevantes, etc.

Já para Puppim de Oliveira (2008, p. 154),

> Os indicadores são uma interpretação da realidade para que ela possa ser vista de forma objetiva. Todas as interpretações são simplificações do mundo real. Por mais complexos que sejam os indicadores, nunca conseguirão refletir exatamente a realidade. Porém, com o tempo, os indicadores podem ser adaptados de maneira a englobar mudanças de pontos de vista de avaliação e novas técnicas de mensuração desenvolvidas.

De uma maneira geral, podemos dizer que o objetivo principal de um indicador é agregar informações quantitativas e qualitativas sobre determinado fenômeno estudado, por exemplo, o desenvolvimento sustentável, tentando fazer com que seja possível visualizar situações complexas.

Segundo Bellen (2007), os indicadores precisam ser construídos de acordo com uma metodologia específica, passível de ser reproduzida, com uma mensuração coerente e com resultados fáceis de serem verificados pelos agentes envolvidos. As principais funções dos indicadores são:

- avaliar condições e tendências;
- permitir que haja comparação entre lugares, por exemplo, países e situações;

- permitir que seja possível, com o estabelecimento de metas e objetivos, verificar se estes foram atingidos ou não;
- prover informações de advertência e precaução em relação a determinadas situações que possam ser consideradas perigosas;
- possibilitar a antecipação de condições e tendências futuras, permitindo que se mude ou se ajuste a trajetória dos fatos antes que efetivamente ocorram.

No caso do desenvolvimento sustentável, como envolve problemas complexos, com sistemas interligados, é necessário ter indicadores inter-relacionados ou é possível trabalhar com a agregação de diferentes indicadores. É sempre útil lembrar que a discussão sobre o que é sustentabilidade e quais serão os indicadores utilizados para medi-la envolvem, na maior parte das vezes, juízos de valor, explícitos ou implícitos. Além disso, existe todo um dilema e debate em torno da questão da eficácia da agregação de dados, muitas vezes necessária para facilitar o entendimento e a visualização dos resultados. Para determinados autores,[1] quanto mais agregado é um indicador, mais distante da realidade se torna seu resultado, impedindo a possibilidade de visualizar determinado fenômeno de forma coerente e de adotar políticas efetivas para a resolução do pro-

---

[1] Ver Bossel (1999) e Bellen (2007).

blema em questão. Afora isso, podemos ter indicadores locais, nacionais, regionais e globais, e cada um deles tem problemas específicos de mensuração dos dados e de agregação destes. É sempre recomendável que se faça uma análise crítica do resultado desses indicadores; mas, apesar de todos os problemas que os envolvem, não só relacionados às questões ambientais, eles são importantes, principalmente, porque possibilitam organizar dados de forma que seja possível visualizar aspectos que antes passavam despercebidos. O que devemos lembrar é que necessitamos utilizar seus resultados de forma criteriosa e cuidadosa.

Em termos históricos, a percepção mais acurada da necessidade de se desenvolver indicadores para medição do desenvolvimento sustentável se deu a partir da Agenda 21, resultante das discussões da Conferência das Nações Unidas para o Meio Ambiente e o Desenvolvimento, realizada no Rio de Janeiro, em 1992.[2] A tentativa era de tornar o desenvolvimento sustentável uma meta global aceitável e possível. Criou-se a Comissão de Desenvolvimento Sustentável[3] cuja principal missão era supervisionar o desenvolvimento sustentável e tentar, em cinco anos, criar instrumentos apropriados para que os gestores de políticas públicas pudessem analisar a situação de seus países e ajustar seu processo de desenvolvi-

---

[2] ECO-92.
[3] Em inglês, *Commission on Sustainable Development* (CSD).

mento. A construção dos indicadores pode auxiliar a clarificar o que realmente é o desenvolvimento sustentável, transformar a definição em algo mais operacional, mas os indicadores devem ser elaborados de forma transparente e participativa e devem ter legitimidade.

A Comissão de Desenvolvimento Sustentável estabeleceu alguns aspectos que devem ser considerados para a construção de indicadores de sustentabilidade nacionais, que se apresentam a seguir:

- os indicadores nacionais devem tornar possível a melhoria da troca de informações entre os principais agentes envolvidos no processo;
- deve-se desenvolver metodologias que possam ser avaliadas pelos governos;
- é necessário promover treinamento e capacitação nos níveis regional e nacional;
- as experiências devem ser monitoradas em algumas regiões selecionadas;
- deve-se promover a avaliação dos indicadores e fazer ajustes, quando houver necessidade;
- os agentes envolvidos na construção dos indicadores devem ser capazes de identificar e avaliar as ligações existentes entre os aspectos econômicos, sociais, institucionais, culturais e ambientais do desenvolvimento sustentável;

- os indicadores desenvolvidos devem ter um alto grau de agregação;
- num período posterior, deve-se desenvolver um sistema de indicadores com a participação de especialistas das áreas de economia, ciências sociais, ciências físicas e biológicas e da política, tendo também a participação de representantes de organizações não governamentais e da sociedade civil.[4]

Com as propostas de construção de indicadores feitas pela Agenda 21, surgiu uma série de tentativas de analisar a qualidade do desenvolvimento e de sua sustentabilidade. Em novembro de 1996, foi realizada uma reunião em Bellagio, na Itália, com a finalidade de avaliar esses indicadores. Surgiram, então, os chamados Princípios de Bellagio, que tentam estabelecer procedimentos importantes a serem seguidos desde o projeto de criação dos indicadores até sua implementação e avaliação dos resultados. Os Princípios de Bellagio, de forma resumida, são:[5]

- guia de visão e metas;
- perspectiva holística;
- elementos essenciais;
- escopo adequado;

---

[4] Todos esses aspectos foram adaptados do quadro 6, que se encontra em Bellen (2007, p. 55).
[5] Para mais informações, verifique em Bellen (2007).

- foco prático;
- abertura/transparência;
- comunicação efetiva;
- ampla participação;
- avaliação constante;
- capacidade institucional.

Atualmente, encontramos um elevado número de métodos diferentes de avaliação de sustentabilidade. Analisaremos aqui alguns aspectos dos principais indicadores.

PEGADA ECOLÓGICA[6]

Foi com a publicação do livro *Our Ecological Footprint*, de Wackernagel & Rees (1996), que esse método passou a ser conhecido. Na realidade, este não foi o trabalho pioneiro com a descrição do método, mas foi com sua publicação que vários pesquisadores passaram a estudá-lo e utilizá-lo. No ano 2000, foi lançada uma outra obra, por Wackernagel; Chambers & Simons, intitulada *Sharing Nature's Interest*, trazendo reflexões mais profundas sobre o tema.

De acordo com essas e outras publicações, pegada ecológica pode ser definida como a representação de um espaço

---

[6] Em inglês, *Ecological Footprint Method*.

ecológico, que seja suficiente para manter um determinado sistema ou região. Os autores contabilizam fluxos de matéria e energia que entram e saem de um determinado sistema econômico e relacionam esses fluxos com uma área de terra ou uma quantidade de água que seria necessária para sustentar esse sistema (Bellen, 2007). Em outras palavras, esse método é capaz de medir o consumo de matérias-primas e de resíduos gerados por uma determinada população e transformar essa medição em termos de quantidade de terra ou água necessária para gerar essas matérias-primas e/ou assimilar esses resíduos.

O planeta, ou sistema total, tem o que esses autores chamam de uma determinada capacidade de carga, e o método calcula a apropriação de uma população determinada e previamente definida; por exemplo, o impacto de todas as pessoas que moram numa cidade como São Paulo, sobre essa capacidade de carga total. Isto é, qual a pressão ecológica que uma região do planeta causa para a sua capacidade de carga total, levando em consideração seus padrões de consumo, que são, por sua vez, determinados por sua renda e outros fatores econômicos, sociais, culturais, etc.

Alguns autores, como Catton (1986), definem a capacidade de carga total como a quantidade máxima de carga que pode ser imposta ao meio ambiente pela sociedade e que pode ser suportada pelo planeta. Essa pressão sobre a natureza não depende só da quantidade de pessoas que vivem num determinado local, mas também de seu consumo *per capita*. A pergunta a ser respondida é: qual seria o número adequado de habitantes para determinada região? A definição adequada desse número de pessoas enfrenta alguns problemas, pois, como já mencionado, o consumo *per capita* depende de fatores culturais, disponibilidade tecnológica, renda e outros aspectos. Além disso, não dá para isolar uma determinada região do restante do planeta, e isso faz com que o consumo desenfreado em certo local cause efeitos ambientais adversos para outros, mesmo que a população deste último respeite a capacidade de carga local.[7]

Como a finalidade da pegada ecológica é tentar definir a área necessária para manter indefinidamente determinada quantidade de pessoas, fornecendo energia, recursos naturais e absorção dos resíduos resultantes do processo de produção de bens e serviços, outro problema que surge é: como medir ou quantificar tudo que é produzido e consumido por certa população? Como o sistema se torna demasiadamente complexo e com excesso de informações, o que se faz, normalmente, é uma simplificação. Em função desses fatores, pode-se considerar conservador o método da pegada ecológica em relação à utilização dos recursos naturais, uma vez que simplifica os cálculos. E, ao mesmo tempo, otimista, porque sempre parte do pressuposto de que se faz uso, em todo o processo produtivo, do melhor processo tecnológico existente, mesmo que isso não seja verdade, e que haja alta produtividade, o que sabemos não ocorrer na maior parte dos casos.

---

[7] Para mais detalhes em relação a essa discussão, consulte Bellen (2007).

Na utilização do método, os dados de consumo são divididos em cinco categorias:

- alimentação;
- transporte;
- habitação;
- bens de consumo;
- serviços.

Para cada uma dessas categorias, considera-se sua produção, utilização e disposição final, isto é, todo o seu ciclo de vida. Apesar de o atual estágio de desenvolvimento da pegada ecológica não ser capaz de captar todos os bens consumidos e seus resíduos, esse instrumento tenta sensibilizar as pessoas em relação aos limites ou capacidade de carga total do meio ambiente do planeta. Uma das principais críticas a essa ferramenta é que ela consegue captar muito bem o esgotamento dos recursos naturais, mas não consegue captar as esferas econômica e social da sustentabilidade, apesar de seus autores destacarem também a importância dessas dimensões.

PAINEL DA SUSTENTABILIDADE

Seu surgimento caracteriza uma tentativa de desenvolver indicadores de sustentabilidade aceitos internacionalmente, isto é, uma tentativa de padronizar mensurações de variáveis relacionadas às questões ambientais. Esse sistema de indicadores começou a ser desenvolvido na segunda metade dos anos 1990, pelo Wallace Global Fund. Em agosto de 1996, foi organizado um encontro, no World Resources Institute (WRI) que resultou na criação do Consultive Group on Sustainable Development Indicators (CGSDI), constituído por um grupo ou uma rede de instituições de vários países que trabalham, na maior parte do tempo, pela internet, e que são responsáveis por desenvolver e utilizar indicadores de desenvolvimento sustentável. Hoje, o principal responsável pelas informações utilizadas para o cálculo do índice é o International Institute for Sustainable Development.

No início, o trabalho do grupo era avaliar os índices agregados já existentes para verificar sua viabilidade e indicar possíveis modificações. A finalidade da rede de cientistas era propor um sistema agregado de indicadores que permitisse verificar questões relacionadas ao desenvolvimento econômico e seu grau de sustentabilidade. Os indicadores tinham de ser robustos e amigáveis, ou fáceis de mensurar.

O nome do sistema *Dashboard of Sustainability* foi escolhido como uma metáfora a um painel de carro, que contém um conjunto de instrumentos destinados ao controle da situação quando o veículo se movimenta. O intuito era desenvolver uma série de instrumentos que funcionariam como auxiliares para que os tomadores de decisões pudessem repensar suas estratégias de desenvolvimento e avaliar seus impactos. O "painel" da sustentabilidade seria composto de três medidores principais, um deles com os indicadores ambientais, outro com os econômicos e outro com os sociais. Cada um desses medidores contém uma série de indicadores agregados formando um índice. Todas as variáveis têm peso igual dentro de cada medidor. A média desses três índices corresponderia ao índice de sustentabilidade global ou *Sustainable Development Index* (SDI). A versão mais atual do índice geral inclui um quarto medidor agregado, que considera os fatores institucionais.

Sabemos que, no mundo real, se quisermos mensurar corretamente o grau de sustentabilidade do planeta, não podemos considerar todos os indicadores individuais com igual peso no cálculo dos índices agregados, mas, para o estado da arte atual, é o que se pode mensurar nos dias de hoje. Definir pesos diferentes para cada medição é a próxima meta dos responsáveis pela criação do índice.

Para facilitar o entendimento e a visualização dos resultados do índice geral de sustentabilidade e verificar a situação de cada país ou região, foi utilizada uma escala graduada de cores. Por exemplo, o vermelho-escuro significa nível crítico, o amarelo corresponde ao nível médio de sustentabilidade, e o verde-escuro significa o resultado mais positivo possível.

Os indicadores considerados no *Dashboard of Sustainability* são (Bellen, 2007):

- Dimensão ecológica: mudança climática; depleção da camada de ozônio; qualidade do ar e da água; quantidade de água; agricultura; pesca; florestas; desertificação; urbanização; ecossistema; espécies e zona costeira.
- Dimensão social: índice de pobreza; nível educacional; alfabetização; violência; população; moradia; saúde; mortalidade; padrão nutricional; condições sanitárias; água potável; igualdade de gênero e população.
- Dimensão econômica: consumo de materiais e de energia; geração e gestão de lixo; *performance* econômica; estado financeiro; comércio e transporte.
- Dimensão institucional: ciência e tecnologia; infraestrutura de comunicação; acesso à informação; cooperação internacional; desastres naturais; implementação estratégica do desenvolvimento sustentável e seu monitoramento.

Os *softwares* utilizados para a mensuração desse índice são altamente sofisticados e permitem a comparação de dados específicos entre países, a *performance* de determinada variável, de certa região, ao longo do tempo, e uma série de outras medições e comparações. O banco de dados é alimentado com informações cedidas, na maior parte das vezes, por instituições internacionais públicas como o World Resources

Institute, Banco Mundial, Organização das Nações Unidas, entre outros.

Para efeito meramente de ilustração, a tabela a seguir apresenta os resultados do índice agregado e dos medidores de alguns países selecionados. Esses dados foram apresentados na reunião do Rio+10, realizada dez anos depois da ECO-92, em Johanesburgo, na África do Sul, em agosto de 2002. Os resultados podem variar de 1 a 1.000, portanto, quanto maior o resultado de cada um dos medidores, melhor a situação do país em relação àquele indicador agregado.

Tabela 1. Índice de sustentabilidade (ou *dashboard of sustainability*)

País	Geral	Social	Ecológico	Econômico	Institucional
África do Sul	542	650	515	513	493
Argentina	614	740	622	589	508
Brasil	615	623	668	641	531
China	602	714	571	643	480
Dinamarca	730	841	581	732	766
Espanha	655	803	578	651	590
Etiópia	494	338	596	603	439
EUA	728	827	625	630	830
Holanda	682	808	504	666	753
Índia	587	573	642	559	577
México	558	711	489	544	488
Nigéria	521	469	571	545	501
Rússia	595	723	624	491	543
Suécia	709	850	611	666	710

Fonte: Bellen, 2007, pp. 136-137.

Podemos observar pelos dados da tabela que, dentre os países examinados, a Dinamarca é o que tem o melhor índice agregado de sustentabilidade. Apesar disso, quando verificamos cada um dos medidores em separado, podemos verificar que o melhor índice ecológico é o do Brasil e o melhor índice institucional é o dos Estados Unidos.

BARÔMETRO DA SUSTENTABILIDADE

Esse indicador foi elaborado por pesquisadores do World Conservation Union (IUCN), em conjunto com os do International Development Research Centre (IDRC). Foi resultado da tentativa de elaborar um indicador sistêmico, que resultasse da combinação de diversos indicadores diferentes e fosse capaz de facilitar o processo de tomada de decisões por parte dos gestores públicos e dos formuladores de políticas relacionadas às questões de sustentabilidade. Um dos principais problemas encontrados foi como unificar as unidades de medida de cada um deles, uma vez que os indicadores econômicos e sociais são contabilizados, de forma geral, monetariamente. Já a maioria dos bens e serviços ambientais não têm um preço de mercado, apesar dos métodos existentes de valoração ambiental que tentam aferir um valor monetário a esses bens e serviços. A solução encontrada foi criar escalas de *performance*[8] para cada uma das variáveis de bem-estar, contabilizadas de 0 a 100 pontos, definidas como ruim, pobre, média, razoável e boa, variando de 20 em 20 pontos.

Essa escala permite que se use, para cada indicador, a unidade de medida adequada, e depois se elabore uma pontuação de *performance* em função de uma meta que se pretende alcançar em relação ao mesmo indicador. Para cada variável, deve-se definir o "pior" e o "melhor" e, em função disso, variar as escalas de 0 a 100. Para que essas definições sejam feitas, antes é necessário caracterizar o que se entende por desenvolvimento sustentável, o que seria o ideal em termos de qualidade ambiental, etc. E essas questões incorporam aspectos subjetivos dos pesquisadores envolvidos, ou melhor, juízo de valor. O argumento dos cientistas envolvidos é de que, em qualquer processo de tomada de decisão, deve-se fazer uso de juízo de valor.

Essa escala de *performance* permite que se compare a situação de um determinado país ou região em um período X com o resultado de um outro período. Ou então pode-se, ainda, comparar resultados de países ou regiões diferentes. É possível também verificar, para um local e período, qual indicador está pior ou melhor, se é o que mede o bem-estar ecológico, social ou econômico.

---

[8] Um dos principais pesquisadores envolvidos com a elaboração do barômetro da sustentabilidade é Prescott-Allen, do International Development Research Centre (IDRC).

Para se elaborar um barômetro de sustentabilidade, é necessário seguir um ciclo de seis estágios. São eles:

- Definição do sistema que será analisado e das metas a serem alcançadas.
- Identificação dos problemas-chave e estabelecimento de objetivos.
- Escolha dos indicadores e definição dos critérios de medição, isto é, os critérios de *performance*.
- Medição e organização dos resultados dos indicadores.
- Combinação dos indicadores. Exemplo: colocar os resultados em um gráfico de maneira que um indicador de bem-estar ecológico fique em um dos eixos e um indicador de bem-estar humano, no outro eixo. O método se caracteriza pela divisão desses dois subsistemas;[9]
- Alocação, organização de forma que possibilite uma leitura visual e revisão dos resultados com o intuito de avaliá-los e que forneçam um diagnóstico para que possam ser elaborados novos projetos e programas.[10]

O principal pesquisador envolvido com a elaboração do barômetro da sustentabilidade, Prescott-Allen, realizou

---

[9] O subsistema humano e o ambiental ou ecológico.
[10] Para mais detalhes, consulte Bellen (2007).

uma pesquisa, intitulada *The Wellbeing of Nations*, em 2001, na qual calculou um índice de bem-estar humano (HWI)[11] e um outro de bem-estar do ecossistema (EWI),[12] de cento e oitenta países. O indicador de bem-estar total (WI)[13] é calculado pela média aritmética dos dois índices anteriores, isto é:

$$WI = (HWI + EWI)/2$$

Existem, ainda, outros índices que podem ser calculados com base nesses resultados, mas não os abordaremos aqui.[14] Na tabela 2, a seguir, apresentamos alguns dos resultados encontrados por Prescott-Allen em seu estudo.

Dos países escolhidos na tabela, o Peru é o que apresenta o melhor índice de bem-estar ecológico, enquanto a Finlândia apresenta o melhor índice de bem-estar humano. Apesar dessas *performances*, o país melhor colocado no *ranking* é a Suécia. No estudo de Prescott-Allen, o Brasil só ocupa a 92ª posição em relação aos 180 países estudados, apresentando baixa *performance* tanto no indicador de bem-estar humano como no ecológico. No Dashboard of Sustainability (painel da sustentabilidade), porém, o Brasil é um dos países que apresenta uma das melhores "notas" no indicador ambiental.

---

[11] Em inglês, sigla de Human Wellbeing Index.
[12] Em inglês, sigla de Environmental Wellbeing Index.
[13] Em inglês, sigla de Wellbeing Index.
[14] Para os interessados no assunto, ver Bellen (2007).

Tabela 2. Barômetro da sustentabilidade

Posição	País	HWI	EWI	WI
1ª	Suécia	79	49	64,0
2ª	Finlândia	81	44	62,5
7ª	Suíça	78	43	60,5
13ª	Dinamarca	81	31	56,0
19ª	Peru	44	62	53,0
27ª	EUA	73	31	53,0
92ª	Brasil	45	36	40,5
160ª	China	36	28	32,0
172ª	Índia	31	27	29,0

Fonte: Bellen, 2007, pp. 155-157.

Existem vários tipos de indicadores ambientais que foram ou estão sendo elaborados ao longo do tempo, cada um deles com critérios de medições diferentes. Essas diferenças de *performance* de determinado país em cada um desses indicadores são o que geram a maior parte das críticas em relação a essas mensurações. Como pode em um indicador um país ser considerado um modelo a ser seguido, enquanto no outro indicador ele contabiliza uma das piores posições no *ranking*?

Alguns pesquisadores dizem que o importante é iniciar o processo de estabelecer critérios para fazer medições que antes não eram realizadas. Com o tempo, esses indicadores serão aperfeiçoados e começarão a convergir em termos de resultados. Outros pesquisadores acham que isso é utopia e que uma posição de consenso nunca será alcançada. Cabe aos usuários desses indicadores, ao menos por enquanto, escolher qual é o mais adequado para ser utilizado.

CONCLUSÃO

Não é o intuito deste livro esgotar a discussão sobre a área de meio ambiente e economia, mas, sim, instigar o leitor a procurar novas bibliografias para se aprofundar sobre determinados assuntos.

Do final dos anos 1990 em diante, surgiram muitas publicações discutindo o tema em questão; o problema é que a maioria dessas obras tem uma linguagem relativamente difícil para quem não é da área de economia.

A evolução da discussão sobre esse tema não se deu somente no campo teórico, mas também no campo prático, em que muitas políticas ambientais foram testadas por diversos países, principalmente europeus. A discussão inicial de adotar políticas de comando e controle ou políticas de incentivo de mercado se polarizava. Ou era uma coisa ou outra. Hoje essa discussão perdeu força, porque países que adotaram políticas de comando e controle tiveram problemas com a implementação e com os resultados obtidos. Mas países que optaram pelos incentivos de mercado também tiveram problemas, principalmente porque os casos que não deram certo foram parar na justiça e se prolongaram por anos até se chegar a uma solução.

É importante salientar que quando um gestor ambiental implementa uma política na área não pode ter como preocupação básica a arrecadação de recursos que será feita (por exemplo, multas que serão arrecadadas num rodízio de automóveis), mas sim os resultados obtidos: quanto menos multas, melhor, porque menos pessoas desrespeitaram a regra e, muito provavelmente, melhor foi o resultado em termos de diminuição da poluição do ar.

A cobrança pelo uso da água, que vem sendo implementada em algumas regiões do país, é um outro exemplo. O ideal é que a arrecadação diminua ao longo do tempo, por mais que os recursos arrecadados sejam importantes para projetos que serão implementados no entorno dos corpos d'água, porque isso significa que as empresas estão se adaptando e reutilizando a água, diminuindo a quantidade de resíduos jogados nos rios, etc.

Essa é a verdadeira mudança de paradigma que tem de ocorrer na discussão sobre o tema, mas, ao que parece, ainda estamos acostumados com visões diferentes e a dificuldade que os leitores têm de entender textos sobre o assunto corrobora para que essa visão se perpetue. Esperamos que este livro colabore para simplificar o entendimento da discussão sobre os assuntos relacionados ao tema.

BIBLIOGRAFIA

AGROANALYSIS. "Mercado de carbono. Negócios verdes". Em *Agroanalysis*, 27 (11), novembro de 2007.

AIDT, Toke S. "Political Internalization of Economic Externalities and Environmental Policy". Em *Journal of Public Economics*, 69 (1), julho de 1998.

ALMEIDA, Luciana Togeiro de. "O debate internacional sobre instrumentos de política ambiental e questões para o Brasil". Em *Anais do II Encontro Nacional da Sociedade Brasileira de Economia Ecológica*, São Paulo, 6 a 8-11-1997.

ANGELO, Cláudio. "Pantanal vale US$ 112 bilhões, diz estudo". Em *Folha de S. Paulo*, 29-9-2008. Disponível em www1.folha.uol.com.br/fsp/ciencia/fe2909200801.htm.

BANCO MUNDIAL. *Relatório sobre o Desenvolvimento Mundial 1992: Desenvolvimento e Meio Ambiente*. Rio de Janeiro: Fundação Getúlio Vargas (edição em português), 1992.

BARBIERI, José Carlos. *Gestão ambiental empresarial: conceitos, modelos e instrumentos*. 2ª ed. São Paulo: Saraiva, 2007.

BATEMAN, Ian J. *et al*. *Applied Environmental Economics: a GIS Approach to Cost-Benefit Analysis*. Cambridge: Cambridge University Press, 2005.

BELLEN, Hans Michael van. *Indicadores de sustentabilidade: uma análise comparativa*. 2ª ed. Rio de Janeiro: Editora FGV, 2007.

BENAKOUCHE, Rabah & SANTA CRUZ, René. *Avaliação monetária do meio ambiente*. São Paulo: Makron Books, 1994.

BOARDMAN, Anthony E. *et al. Cost-Benefit Analysis: Concepts and Practice*. Upper Saddle River: Prentice Hall, 1996.

BOSSEL, H. *Indicators for Sustainable Development: Theory, Method, Applications*: a Report to the Balaton Group. Winnipeg: IISD, 1999.

BREKKE, Kjell Arne. "Reply to J. Drèze and P-O Johansson". Em *Journal of Public Economic*, 70 (3), dezembro de 1998.

CANEPA, Eugenio M. "Economia da poluição". Em MAY, Peter H. *et al.* (orgs.). *Economia do meio ambiente: teoria e prática*. Rio de Janeiro: Elsevier, 2003.

CATTON, W. "Carrying Capacity and the Limits to Freedom". Em *Word Congress of Sociology*, nº 11, New Delhi, agosto de 1986.

COMISSÃO MUNDIAL SOBRE MEIO AMBIENTE E DESENVOLVIMENTO. *Nosso futuro comum*. Rio de Janeiro: Editora FGV, 1988.

COMPANHIA DE TECNOLOGIA DE SANEAMENTO AMBIENTAL. *Relatório de Qualidade do Ar no Estado de São Paulo – 2006*. São Paulo: Cetesb, 2007.

_____. *Relatório de qualidade do ar no estado de São Paulo – 1998*. São Paulo: Cetesb/Secretaria do Meio Ambiente, 1999.

CONTADOR, Cláudio R. *Projetos sociais: avaliação e prática*. São Paulo: Atlas, 1997.

CORAZZA, Rosana Icassatti. "Transformações teórico-metodológicas em análises econômicas recentes de problemas ambientais: evidências de um novo marco na economia do meio ambiente". Em *Ensaios FEE*, 21 (2), 2000.

CORNES, Richard & SANDLER, Todd. *The Theory of Externalities, Public Goods and Club Goods*. 2ª ed. Cambridge: Cambridge University Press, 1996.

COSTANZA, Robert. "Capítulo 7 – Economia ecológica: uma agenda de pesquisa". Em MAY, Peter Herman & SERÔA DA MOTTA, Ronaldo (orgs.). *Valorando a Natureza: análise econômica para o desenvolvimento sustentável*. Rio de Janeiro: Campus, 1994.

_____. *Ecological Economics: the Science and Management of Sustainability*. Nova York: Columbia Press, 1991.

DALY, Herman. *For the Common Good: Redirecting the Economy toward Community, the Environment and a Sustainable Future*. Boston: Beacon Press, 1994.

DERÍSIO, J. C. *Introdução ao controle de poluição ambiental*. São Paulo: Cetesb, 1992.

DIÁRIO DO VALE ONLINE. "Definido valor da água do Paraíba". Em *Diário do ValeOnLine*. Disponível em www.diarioon.com.br/arquivo/3167/economia/economia-439.htm, acessado em 17-6-2008.

DINWIDDY, Caroline & TEAL, Francis. *Principles of Cost-Benefit Analysis for Developing Countries*. Cambridge: Cambridge University Press, 1996.

DRÈZE, Jean. "Distribution Matters in Cost-Benefit Analysis: Comment on K.A. Brekke". Em *Journal of Public Economics*, 70 (3), dezembro de 1998.

EATWELL, John *et al. The New Palgrave: a Dictionary of Economics*. Londres: The Macmillan Press Limited, 1987.

EKINS, Paul et al. *The Gaia Atlas of Green Economics*. Nova York: Anchor Books, 1992.

ESKELAND, G. S. & JIMENEZ, E. "Menos poluição nos países em desenvolvimento". Em *Finanças & Desenvolvimento*, março de 1991.

FERNANDES, Cléia C. P. J. "A inserção do Ministério Público na Política Nacional de Educação Ambiental através do Compromisso de Ajustamento de Conduta Ambiental". Em *Revista CEJ*, nº 32, Brasília, jan./mar. de 2006.

FIELD, Barry C. *Economía ambiental: una introducción*. Santafé de Bogotá: McGraw-Hill, 1995.

FREIRE DIAS, Genebaldo. *Pegada ecológica e sustentabilidade humana*. São Paulo: Gaia, 2002.

GORE, Albert. *Uma verdade inconveniente*. São Paulo: Manole, 2006.

GUEDES, Fátima & SEEHUSEN, Susan Edda (orgs.). *Pagamentos por serviços ambientais na Mata Atlântica: lições aprendidas e desafios*. Brasília: Ministério do Meio Ambiente, 2011.

GUIMARÁES, Paulo C. Vaz et al. "Estratégias empresariais e instrumentos econômicos de gestão ambiental". Em *Revista de Administração de Empresas*, 35 (5), set-out de 1995.

GUTBERLET, Jutta. *Cubatão: desenvolvimento, exclusão social e degradação ambiental*. São Paulo: Edusp/Fapesp, 1996.

HAHN, Robert W. "Economic Prescriptions for Environmental Problems: how the Patient Followed the Doctor's Orders". Em *Journal of Economic Perspectives*, 3 (2), primavera de 1989.

_____. "The Impact of Economics on Environmental Policy". Em *Journal of Environmental Economics and Management*, 39 (3), maio de 2000.

HANLEY, Nick et al. *Environmental Economics: in Theory and Practice*. Londres: Macmillan, 1997.

HENDERSON, Hazel. *Além da globalização: modelando uma economia global sustentável*. São Paulo: Cultrix, 1999.

HENDERSON, Hazel et al. (orgs.). *Calvert-Henderson Quality of Life Indicators: a New Tool for Assessing National Trends*. Bethesda: Calvert Group, 2000.

HYMAN, David N. *Public Finance: a Contemporary Application of Theory Police*. 5ª ed. Orlando: The Dryden Press, 1996.

JOHANSSON, Per-Olov. *Cost-Benefit Analysis of Environmental Change*. Cambridge: Cambridge University Press, 1993.

_____. "Commentary: Does the Choice of Numeraire Matter in Cost-Benefit Analysis?". Em *Journal of Public Economics*, 70 (3), dezembro de 1998.

KRUPNICK, Alan J. "Using Benefit-Cost Analysis to Prioritize Environmental Problems". Em *Resources*, nº 106, inverno de 1992.

LITTLE, Paul E. (org.). *Políticas ambientais no Brasil: análises, instrumentos e experiências*. São Paulo: Peirópolis, 2003.

LOMBORG, Bjørn. *The Skeptical Environmentalist: Measuring the Real State of the World*. Cambridge: Cambridge University Press, 2004.

MAIA, Alexandre G. et al. "Valoração de recursos ambientais: metodologias e recomendações". *Texto para Discussão*, IE/Unicamp, nº 116, Campinas, março de 2004.

MARGULIS, Sérgio (org.). *Meio ambiente: aspectos técnicos e econômicos*. Brasília: Instituto de Planejamento e Economia Aplicada – Ipea/Pnud, 1990.

MASSON, Celso. "Sociedade Trânsito: dá para escapar deste caos? O que pode ser feito para livrar as cidades dos megacongestionamentos". Em *Revista Época*, nº 513, 17-3-2008.

MAY, Peter H. et al. (orgs.). *Economia do meio ambiente: teoria e prática*. Rio de Janeiro: Elsevier, 2003.

MEADOWS, D. et al. *The Limits to Growth*. London: Potomac, 1972.

MERRIFIELD, John. "Sensitivity Analysis in Benefit-Cost Analysis: a Key to Increase Use and Acceptance". Em *Contemporary Economic Policy*, 15 (3), julho de 1997.

MILARÉ, Édis. *Direito do ambiente: a gestão ambiental em foco*. 5ª ed. São Paulo: Revista dos Tribunais, 2007.

MISHAN, E. J. *Análise de custos-benefícios: uma introdução informal*. Rio de Janeiro: Zahar Editores, 1976.

MOLDAN, B. & BILHARZS, S. (orgs.). *Sustainability Indicators: Report of the Project on Indicators of Sustainable Development*. Chichester: John Wiley & Sons, 1997.

MUELLER, Charles C. *Os economistas e as relações entre o sistema econômico e o meio ambiente*. Brasília: Universidade de Brasília/Finatec, 2007.

MUSGRAVE, R. A. "Cost-Benefit Analysis and the Theory of Public Finance". Em *Journal of Economic Literature*, 7 (3), setembro de 1969.

NOGUEIRA, Jorge M. & MEDEIROS, Marcelo A. A. de. "Quanto vale aquilo que não tem valor? Valor de existência, economia e meio ambiente". Em *Anais do XXV Encontro Nacional de Economia*, Anpec, Recife, vol. 2, dezembro de 1997.

NORGAARD, Richard. "Cap. 5 – Valoração ambiental na busca de um futuro sustentável". Em CAVALCANTI, Clóvis. (org.). *Meio ambiente, desenvolvimento sustentável e políticas públicas*. São Paulo, Recife: Cortez Fundação Joaquim Nabuco, 1997.

ORGANIZAÇÃO PARA COOPERAÇÃO E DESENVOLVIMENTO ECONÔMICO. *OECD Environmental Outlook*. Paris: OCDE, 2001.

OYARZUN, Diego Azqueta. *Valoración econômica de la calidad ambiental*. Madri: McGraw-Hill, 1994.

PANAYOTOU, Theodore. *Mercados verdes: a economia do desenvolvimento alternativo*. Rio de Janeiro: Nórdica, 1994.

PAUL, Gustavo. "Água escassa e cara: estados começam a cobrar pelo que é usado nos rios. Indústria e consumidor pagam". Em *O Globo*, Economia, 18-5-2008.

PEARCE, David W. *Economic Values and the Natural World*. Cambridge: MIT Press, 1993.

PEARCE, D. W. et al. *Environmental Economics*. Baltimore: The John Hopkins University Press, 1993.

PEIXOTO, Marcus. *Pagamentos por serviços ambientais: aspectos teóricos e proposições legislativas*. Texto para discussão nº 105. Brasília: Núcleo de Estudos e Pesquisas do Senado, novembro de 2011.

PIMENTA, Angela. "A pressão chega a Brasília". Em *Revista Exame*, edição especial: *Negócios & Sustentabilidade*, ano 42, nº 5, 26-3-2008.

PINDYCK, Robert S. & RUBINFELD, Daniel L. *Microeconomia*. 6ª ed. São Paulo: Pearson Prentice Hall, 2006.

PORTNEY, Paul R. "Benefícios ambientais *versus* custos: a consecução de um equilíbrio". Em *Economic Impact*, nº 65 (edição em português), 1989.

_____. "Environmental Problems and Policy: 2000-2050". Em *Journal of Economic Perspectives*, 14 (1), inverno de 2000a.

_____. "Environmental Problems and Policy: 2000-2050". Em *Resources for the Future*, inverno de 2000b.

PREST, A. R. & TURVEY, R. "Cost-Benefit Analysis: a Survey". Em *Economic Journal*, 75, dezembro de 1965.

PUPPIM DE OLIVEIRA, José Antônio. *Empresas na sociedade: sustentabilidade e responsabilidade social*. Rio de Janeiro: Elsevier, 2008.

_____. *Instrumentos econômicos para gestão ambiental: lições das experiências nacional e internacional*. Série Construindo os Recursos do Amanhã, vol. 3. Salvador: Centro de Recursos Ambientais/Neama, 2003.

ROMEIRO, Ademar R. "Capítulo 1 – Economia ou economia política da sustentabilidade". Em MAY, Peter H. et al. (orgs.). *Economia do meio ambiente: teoria e prática*. Rio de Janeiro: Campus, 2003.

_____. *Sustainable Development and Institutional Change: the Role of Altruistic Behavior*. Texto de Discussão, nº 97. Campinas: IE/Unicamp, 2000.

RUTHERFORD, I. "Use of Models to Link Indicators of Sustainable Development". Em MOLDAN, B. & BILHARZS, S. (orgs.). *Sustainability Indicators: Report of the Project on Indicators of Sustainable Development*. Chichester: John Wiley & Sons, 1997.

SECRETARIA DO MEIO AMBIENTE. *Instrumentos econômicos e financeiros*. São Paulo: SMA, 1998.

_____. *Operação Rodízio 95: do exercício à cidadania*. São Paulo: SMA, 1996.

SERÔA DA MOTTA, Ronaldo. *Economia ambiental*. Rio de Janeiro: FGV, 2006.

_____. *Manual para valoração econômica de recursos ambientais*. Brasília: Ministério do Meio Ambiente, dos Recursos Hídricos e da Amazônia Legal (MMA)/Ipea/Pnud/CNPq, 1998.

_____. "Análise de custo-benefício do meio ambiente". Em MARGULIS, S. (org.). *Meio ambiente: aspectos técnicos e econômicos*. Brasília: Instituto de Planejamento e Economia Aplicada – Ipea/Pnud, 1990.

_____ & REIS, José E. dos. "O financiamento do processo de desenvolvimento". Em *Revista de Administração Pública*, 26 (1), jan.-mar. de 1992.

SÖDERBAUM, Peter. "Environmental Management: a Non-Traditional Approach". Em *Journal of Economic Issues*, 21 (1), março de 1987.

STIRLING, Andrew. "Environmental Valuation: How Much is the Emperor Wearing?". Em *The Ecologist*, 23 (3) maio-jun. de 1993.

THE ECONOMIST. "20th Century Survey: Our Durable Planet". Em *The Economist*, 352 (8136), 11 a 17-9-1999.

_____. "An Invaluable Environment". Em *The Economist*, 18 a 24-4-1998.

VARELA, Carmen Augusta. "Instrumentos de políticas ambientais e alguns casos de aplicação". Em *IX Encontro Nacional sobre Gestão Empresarial e Meio Ambiente (Engema)*, Curitiba, 2007.

_____. *Custos de não controle da poluição do ar na cidade de São Paulo: 1990-1998*. São Paulo, Eaesp/FGV, tese de doutorado, 2000.

_____. *A economia do meio ambiente e os mecanismos de mercado*. São Paulo, Eaesp/FGV, dissertação de mestrado, 1993a.

_____. "Poluição industrial e instrumentos de políticas ambientais". Em *Anais do II Encontro sobre Gestão Empresarial e Meio Ambiente*, realizado na FEA/USP, 6 e 7-12-1993b.

VEIGA, Fernando & GAVALDÃO, Marina. "Iniciativas de PSA de conservação dos Recursos Hídricos na Mata Atlântica". Em GUEDES, Fátima & SEEHUSEN, Susan Edda (orgs.). *Pagamentos por serviços ambientais na Mata Atlântica: lições aprendidas e desafios*. Brasília: Ministério do Meio Ambiente, 2011.

VEIGA, José Eli da. *Meio ambiente & desenvolvimento*. São Paulo: Editora Senac São Paulo, 2006.

_____. *Do global ao local*. Campinas: Autores Associados, 2005a.

_____. *Desenvolvimento sustentável: o desafio do século XXI*. Rio de Janeiro: Garamond, 2005b.

VIEIRA, Paulo Freire (org.). *Ignacy Sachs: rumo à ecossocioeconomia: teoria e prática do desenvolvimento*. São Paulo: Cortez, 2007.

WACKERNAGEL, M. & REES, W. *Our Ecological Footprint*. Gabriola Island, BC and Story Creek, CT: New Society Publishers, 1996.

WILEN, James E. "Renewable Resource Economists and Policy: What Differences Have We Made". Em *Journal of Environmental Economics and Management*, 39 (3), maio de 2000.

WU, Junjie & BABCOCK, Bruce A. "The Relative Efficiency of Voluntary vs. Mandatory Environmental Regulations". Em *Journal of Environmental Economics and Management*, 38 (2), setembro de 1999.

ZULAUF, Werner. "O meio ambiente e o futuro". Em *Estudos Avançados*, 14 (39), maio-ago. de 2000.

OUTRAS BIBLIOGRAFIAS PARA CONSULTA

ANT, Ricardo (org.). *O que os economistas pensam sobre sustentabilidade.* São Paulo: Editora 34, 2010.

BARBIERI, José C. & CAJAZEIRA, Jorge E. R. *Responsabilidade social empresarial e empresa sustentável: da teoria à prática.* São Paulo: Saraiva, 2009.

BARBIERI, José C. & SIMANTOB, Moysés A. (orgs.). *Organizações inovadoras sustentáveis: uma reflexão sobre o futuro das organizações.* São Paulo: Atlas, 2007.

BONOMI, Cláudio A. & MALVESSI, Oscar. *Project Finance no Brasil* (inclui o caso de geração de créditos de carbono da Cia. Açucareira Vale do Rosário). 3ª ed. São Paulo: Atlas, 2008.

COIMBRA, José de Ávila A. *O outro lado do meio ambiente: uma incursão humanista na questão ambiental.* Campinas: Millennium, 2002.

COSTANZA, Robert. (org.) *Ecological Economics: the Science and Management of Sustainability.* Nova York: Columbia University Press, 1991.

ELKINGTON, John. *Canibais com garfo e faca.* São Paulo: Makron Books, 2001.

EXAME. "Edição Especial Negócios & Sustentabilidade". Em *Revista Exame*, ano 42, nº 5, São Paulo, abr.-mar. de 2008.

HARTIGAN, Pámela & ELKINGTON, John. *Empreendedores sociais: o exemplo incomum das pessoas que estão transformando o mundo.* Rio de Janeiro: Elsevier, 2009.

LARRÈRE, Catherine & LARRÈRE, Raphaël. *Do bom uso da natureza: para uma filosofia do meio ambiente.* Lisboa: Instituto Piaget, 1997.

LEFF, Enrique. *Epistemologia ambiental.* 2ª ed. São Paulo: Cortez, 2002.

LEITE, Paulo R. *Logística reversa: meio ambiente e competitividade*. 2ª ed. São Paulo: Pearson Prentice Hall, 2010.

LOUETTE, Anne (org.). *Compêndio para a sustentabilidade: ferramentas de gestão de sustentabilidade socioambiental*. São Paulo: Antakarana Cultura, Arte e Ciência, 2008.

_____ (org.). *Compêndio de indicadores de sustentabilidade de nações: uma contribuição ao diálogo da sustentabilidade*. São Paulo: Antakarana Cultura, Arte e Ciência, 2009.

MAY, Peter H. (org.). *Economia do meio ambiente: teoria e prática*. 2ª ed. Rio de Janeiro: Elsevier, 2010.

MAY, Peter H. & SERÔA DA MOTTA, Ronaldo (orgs.). *Valorando a natureza: análise econômica para o desenvolvimento sustentável*. Rio de Janeiro: Campus, 1994.

PEREIRA, André L. et al. (orgs.). *Logística reversa e sustentabilidade*. São Paulo: Cengage Learning, 2012.

PREFEITURA DE SÃO PAULO. *São Paulo and Climate Change*. São Paulo: Prefeitura de São Paulo, 2011a.

_____. *Diretrizes para o plano de ação da cidade de São Paulo para mitigação e adaptação às mudanças climáticas*. São Paulo: Prefeitura de São Paulo, 2011b.

ROBÈRT, Karl-Henrik. *The Natural Step: a história de uma revolução silenciosa*. São Paulo: Cultrix, 2002.

STERN, Nicholas. *STERN Review: the Economics of Climate Change*. Disponível em http://www.hm-treasury.gov.uk/independent-reviews/stern-review-economics-climate-change/sternreview-index.cfm. acessado em outubro de 2007.

THE ECONOMIST. "The Heat is on: a Special Report on Climate Change". Em *The Economist*, 9 a 15-9-2006.

THOMAS, Janet M. & CALLAN, Scott J. *Economia ambiental: fundamentos, políticas e aplicações*. São Paulo: Cengage Learning, 2010.

TRIGUEIRO, André. *Mundo sustentável: abrindo espaço na mídia para um planeta em transformação*. São Paulo: Globo, 2005.

ÍNDICE REMISSIVO

A

acordos voluntários, 52, 69
Agenda, 120, 122
água, 27, 37, 43, 47, 51, 70, 71, 78, 96, 97, 100, 101, 116, 124, 129, 138
análise custo-benefício, 29, 81, 82, 83, 85, 88, 89, 90, 91, 107, 110, 111
aquecimento global, 15, 62, 63, 69
aterros sanitários, 64, 73

B

barômetro da sustentabilidade, 131, 135
bem de propriedade comum, 79
bem ou serviço ambiental, 80, 91, 93, 95, 96, 98, 102, 104, 105
biodiversidade, 92, 111, 112

C

certificados de propriedade, 33, 38, 43, 45, 60, 61, 62, 77
Clube de Roma, 19, 25
cobrança pelo uso da água, 37, 70, 138
comando e controle, 32, 33, 38, 42, 48, 49, 50, 51, 70, 75, 76, 137, 138
Conferência de Estocolmo, 20
congestionamentos, 37, 41, 46, 59, 60, 66, 67, 91, 97
controle de equipamentos, 37, 39, 40
cotas não transferíveis, 39
cotas transferíveis, 37, 43
créditos de carbono, 63, 64, 65
crescimento econômico, 17, 18, 24, 26, 27, 49, 112
Cubatão, 55, 56, 75
custo de oportunidade, 95, 98, 112, 115
custo de reposição, 96
custos de controle, 41, 95
custos evitados, 95, 96
custo viagem, 99, 101, 102, 107, 114

D

DAA, 99, 103, 104, 105
DAP, 89, 99, 103, 104, 105
Dashboard of Sustainability, 127, 128, 134
desenvolvimento econômico, 17, 18, 19, 21, 127
desenvolvimento sustentável, 12, 16, 17, 20, 21, 22, 90, 117, 118, 119, 120, 121, 127, 129, 132
direitos de propriedade, 78, 79, 99, 103, 104, 108
disposição a aceitar, 104
disposição a pagar, 89, 99, 103, 104, 105, 107
doenças, 39, 47, 92, 97

E

ECO-92, 120, 130
economia ambiental, 26-28
economia do meio ambiente, 8, 16, 26
economia ecológica, 26-29
ecossistemas, 27, 47, 107
emissão de poluentes, 41, 44, 60, 75, 90
energia, 15, 27, 47, 57, 64, 69, 74, 124, 125, 129
externalidade, 42, 43, 78, 79
Extrema, 67

F

floresta, 36, 92, 93, 113
função dose-resposta, 95, 99, 103

G

gastos defensivos, 96
gestão ambiental, 9, 13, 26, 33, 34, 69

I

Ignacy Sachs, 12, 20, 21
impostos, 35, 47, 84, 105
incentivos de mercado, 32, 36, 41, 49, 51, 70, 75, 76, 77, 138
incentivos econômicos, 28, 41, 52
indicadores ambientais, 50
indicadores de sustentabilidade, 117
instrumentos diretos, 32
instrumentos indiretos, 32

L

limites do crescimento, 11, 19, 25
lixo, 97, 129
lobbies, 74

M

mananciais, 40, 46, 67, 97
MDLs, 62, 63
Mecanismos de Desenvolvimento Limpo, 62
mecanismos de mercado, 27, 33, 39
método da produtividade marginal, 95
métodos da função de demanda, 94
métodos da função de produção, 94
métodos de mercado de bens complementares, 99
métodos de mercado de bens substitutos, 96
morbidade, 100
mortalidade, 18, 100, 129
multa, 38, 44, 51, 59

N

Nosso futuro comum, 20

O

ONU, 20, 65, 109
Operação Rodízio, 59, 60
órgãos ambientais, 34, 38, 43, 52, 77

P

padrões de emissão, 37, 38
pagamento por serviços ambientais, 37, 46
painel da sustentabilidade, 134
paisagem, 103, 109
Pantanal, 116
parques nacionais, 97, 112
pedágio urbano, 37, 46, 48
pegada ecológica, 5, 123, 141
PIB, 17, 18, 112
pneus inservíveis, 72
políticas ambientais, 16, 26, 31, 32, 37, 49, 50, 53, 55, 70, 74, 75, 79, 83, 90, 110, 137
poluentes, 15, 35, 39, 41, 43, 44, 45, 55, 59, 60, 75, 90, 95
poluição da água, 51, 96
poluição do ar, 57, 67, 75, 90, 95, 97, 100, 103, 138
poluidor-pagador, 41
preços hedônicos, 99, 101, 107
preço-sombra, 96, 98, 107
preservação ambiental, 67, 97, 112
Princípios de Bellagio, 122
Projeto Oásis, 46
Protocolo de Kyoto, 64

Q

qualidade ambiental, 45, 61, 132
qualidade de vida, 18, 65
qualidade do ar, 55, 80, 101, 129

questionários, 89, 102, 103, 104

R

recursos ambientais, 23, 26, 27, 79, 100
recursos naturais, 12, 13, 19, 20, 21, 24, 25, 27, 28, 45, 109, 125, 126
regulação, 33, 35, 38, 75, 76, 77
Relatório Brundtland, 20
rodízio, 37, 39, 41, 59, 60
ruído, 58, 110

S

Serra do Mar, 56
sistemas de restituição de depósitos, 77
solo, 33, 35, 43, 47, 68, 92, 97, 116
subsídios, 37, 45, 47
sustentabilidade, 117

T

tarifas, 33, 37, 42, 105
taxa, 33, 42, 51, 57, 58, 59, 62, 66, 67, 82, 84, 85, 86, 87, 88, 91, 113, 114
taxa social de desconto, 82, 84, 85, 86, 87, 88, 113, 114
Termos de Ajustamento de Conduta, 54
trânsito, 48, 66, 67
transporte urbano, 40, 60, 76

U

usuário-pagador, 42

V

valoração contingente, 89, 93, 99, 103, 106, 114
valoração econômica do meio ambiente, 16, 28, 50, 93, 107, 109
valor de existência, 92, 93, 94, 98, 104

valor de não uso, 91, 92, 94
valor de opção, 92, 93, 94, 98, 100, 104, 114
valor de uso, 91, 92
valor de uso direto, 92, 93, 95, 98, 100, 102, 104
valor de uso indireto, 92, 93, 95, 100, 102, 104
valor econômico total, 91, 92, 93, 94
vasilhames, 46, 58
vegetação, 46, 67, 93, 116

SOBRE A AUTORA

Carmen Augusta Varela é graduada em biologia pela Universidade de São Paulo (USP) e mestre e doutora em economia pela FGV-Eaesp. Atualmente leciona no Centro Universitário da FEI-SP (programa de mestrado e doutorado em administração, linha de sustentabilidade) e na Fundação Getúlio Vargas de São Paulo (FGV-Eaesp, Departamento de Gestão Pública). Fundou o curso de tecnologia de gestão ambiental do Centro Universitário Senac São Paulo. Realiza pesquisas sobre sustentabilidade, gestão ambiental empresarial, economia do meio ambiente, indicadores ambientais, responsabilidade socioambiental, gestão da cadeia agroalimentar, desenvolvimento econômico local, criminalidade, pobreza, políticas públicas, inovação (empresarial, social e ambiental), economia brasileira e internacional, microeconomia, regulação e organização industrial.